企业环境风险排查与预案编制指南

铅冶炼企业环境隐患排查及风险评估

林星杰　王唯伟　楚敬龙　张靖　编著

中国环境出版社·北京

图书在版编目（CIP）数据

铅冶炼企业环境隐患排查及风险评估/林星杰等编著. —北京：
中国环境出版社，2014.9
（企业环境风险排查与预案编制指南）
ISBN 978-7-5111-2052-6

Ⅰ．①铅… Ⅱ．①林… Ⅲ．①炼铅—重金属冶金—企业环
境管理 Ⅳ．①X756

中国版本图书馆 CIP 数据核字（2014）第 185870 号

出 版 人 王新程
责任编辑 罗永席
责任校对 尹 芳
封面设计 金 喆

出版发行 中国环境出版社
（100062 北京市东城区广渠门内大街 16 号）
网 址：http://www.cesp.com.cn
电子邮箱：bjgl@cesp.com.cn
联系电话：010-67112765（编辑管理部）
发行热线：010-67125803，010-67113405（传真）
印 刷 北京市联华印刷厂
经 销 各地新华书店
版 次 2014 年 9 月第 1 版
印 次 2014 年 9 月第 1 次印刷
开 本 880×1230 1/32
印 张 5.5
字 数 150 千字
定 价 18.00 元

《铅冶炼企业环境隐患排查及风险评估》
编委会

序

    我国正处于工业化和城镇化加速发展的阶段，发达国家过去一两百年间出现的环境问题已在我国集中显现，并呈现明显的结构型、压缩型、复合型特点。尽管国家对环保问题愈加重视，但环境总体恶化的趋势仍未得到根本改变，突发环境事件数量居高不下，发生重特大突发环境事件的客观风险不断增加，事件防范和处置难度明显加大。突发环境事件不仅给受害者带来身心伤害，造成了巨大经济损失，而且损害了政府形象和公信力。

    积极防范环境风险，从源头防止污染事件发生，落实企业的风险应对措施是防止企业突发环境事件发生的最有效措施，根据环境保护部近年调度指导处置的突发环境事件情况来看，70%以上的突发环境事件是由于企业自身造成的，而在突发环境事件背后，凸显的是企业环境应急管理工作的缺位，环境安全意识淡薄，事故防范措施不力，以及企业不能积极履行开展环境风险隐患排查、加强环境应急预案管理、参与突发环境事件应对的职责等问题，最终影响了处置工作，导致事态扩大，形成不良社会影响。

环境应急管理工作唯有更具体、更细致，落到实处，才能真正筑起保护人民群众生命财产安全和国家生态环境安全的有力防线。《铅冶炼企业环境隐患排查及风险评估》直接针对铅冶炼企业环境风险因子种类繁多、突发环境事件类型复杂的行业特点，明确了企业开展环境隐患排查与风险评估的要点，可有效指导企业突发环境事件的预防与应对，对突发环境事件现场应急处置工作也具有很强的指导性，相信该书的出版将会对全国铅冶炼企业环境风险防控水平的提高发挥积极作用。

前　言

近年来，我国铅冶炼工业得到了长足的发展，成为全球最大的精铅生产国。截至 2010 年 11 月底，我国铅冶炼企业已有 300 多家（不含再生铅企业），但达到《铅锌行业准入条件》要求的铅冶炼企业仅有 20 余家，铅冶炼行业存在企业数量多、分布范围广、行业集中度低等问题。铅冶炼行业这种极其分散的生产组织结构，不仅造成了企业经营行为粗放、重复建设严重、行业自律能力差和恶性竞争等问题，而且从环境保护角度而言，也导致全行业污染防治平均水平总体偏低。

近几年爆发的血铅突发环境事件有将近一半是由铅冶炼企业造成的，而企业未开展或不重视环境风险评估和环境应急预案编制工作则是铅冶炼企业重金属突发环境事件高发的一个重要因素。

本书针对我国铅冶炼企业生产现状，归纳总结了行业现行的法律法规和产业政策，重点分析了铅冶炼企业主要风险源及可能造成的后果、铅冶炼企业环境风险隐患排查和可能发生的突发环境事件，提出了铅冶炼企业环境风险评估与环境应急预案编制的程序及要点，可用于指导铅冶炼企业环境应急管理工作的开展，加强企业环境风险与应急监督管理，预防和减少突发环境事件，保障人民群众生命财产和环境安全，落实企业环境风险防范与应急管理主体责任，规范环境保护行政主管部门的监督管理行为。

限于作者水平，书中难免存在疏漏，不足之处，敬请读者批评指正。

目　录

第一章　铅冶炼行业概况

2003 年以来，我国铅工业生产发展较快，"十一五"期间（2006—2010 年），在稳步推进淘汰落后产能、促进节能减排的同时，我国铅冶炼行业也在积极有序地进行兼并重组及境外资源的开发。不过，我国铅冶炼行业在发展的过程中也存在一些问题，如结构性矛盾突出、资源保障程度低、缺乏产品价格话语权等。因此，亟须加大行业改革力度，实现我国铅冶炼行业的可持续发展。

一、铅冶炼行业发展现状

近年来，我国铅冶炼行业得到了长足的发展，我国成为全球最大的精铅生产国和仅次于美国的第二大精铅消费国。2012 年全国精铅产量 464.6 万 t，其中矿产铅 328.4 万 t，再生铅 136.2 万 t。2012 年精铅产量区域分布如图 1-1 所示，我国电解铅主要集中在河南、湖南、云南等省区，再生铅主要分布在安徽省。

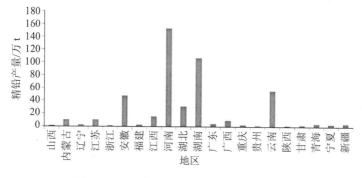

图 1-1　2012 年全国各省区精铅产量示意图

2012 年世界精铅产量和消费量分别为 1 063.1 万 t 和 1 043.5 万 t，分别比上年增长 3.8%和 5.1%，供应富余 19.6 万 t。我国 2012 年的产量和消费量分别达到 464.6 万 t（含 136.2 万 t 再生铅）和 451 万 t，比上年增长 9%和 12.6%，占全球精铅产量和消费量的比例为 43.7%和 43.2%，我国精铅产量和消费量连续多年位居世界第一。世界其他主要精铅生产国和消费国的生产、消费情况与上年相比，变化不大（表 1-1、图 1-2 和表 1-2、图 1-3）。

表 1-1　2010—2013 年世界主要国家和地区精铅产量　　　　单位：万 t

时间	2010 年	2011 年	2012 年	2013 年 1—11 月	同比增幅/%
全球	981.6	1 059.4	1 063.1	975.1	3.8
中国	392.0	426.2	464.6	418.4	6.1
欧洲	171.6	174.8	177.1	167.2	2.8
美国	125.2	124.7	129.4	116.6	4.1
印度	38.0	42.6	46.4	42.0	0
韩国	32.1	42.2	45.6	41.8	−0.9
墨西哥	27.0	34.8	34.5	28.4	−7.2
加拿大	27.3	28.7	28.2	25.8	0
日本	26.7	25.3	25.2	22.7	−3.8
澳大利亚	21.8	23.3	18.6	18.9	5.0

数据来源：ILZSG，安泰科。

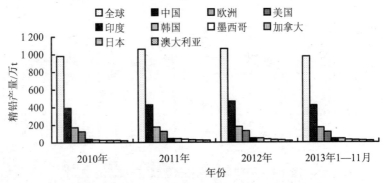

图 1-2　2010—2013 年世界主要国家和地区精铅产量

表 1-2 2010—2013 年世界主要国家和地区精铅消费量   单位：万 t

时间	2010 年	2011 年	2012 年	2012 年 1—11 月	2013 年 1—11 月	同比增幅/%
全球	922.0	1 041.8	1 043.5	932.1	979.2	5.1
中国	375.0	400.5	451.0	395.0	416.4	5.4
美国	144.1	153.1	158.9	134.6	158.3	17.6
欧洲	163.7	161.8	157.9	136.9	142.1	3.8
印度	44.6	45.2	52.2	48.0	45.8	−4.6
韩国	38.5	42.5	42.6	39.0	43.7	12.1
巴西	25.8	26.3	26.0	24.0	24.3	1.3
日本	22.4	23.6	26.5	24.3	22.2	−8.6
墨西哥	24.8	22.7	22.8	21.2	17.6	−17.0

数据来源：ILZSG，安泰科。

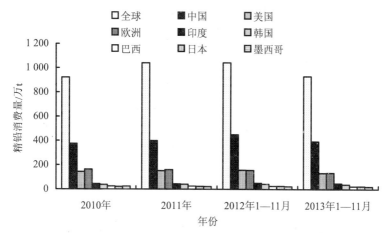

图 1-3   2010—2013 年世界主要国家和地区精铅消费量

我国精铅生产主要分布在资源禀赋比较好的湖南省、云南省，以及大量利用进口原料的河南省和大量生产再生铅的安徽省等。2012 年，这四个省区精铅产量合计为 362.6 万 t，占当年全国产量的 78.04%。河南、湖南、云南省的精铅产量分别为 152.7 万 t、106.5 万 t、55.8 万 t（表 1-3、图 1-4），同比增加 16.83%、10.53%、29.34%，安徽省的精铅产量为 47.7 万 t，同比下降 40.41%，但其再生铅的产量依然居全国首位。

表 1-3　2007—2012 年我国主要地区精铅产量　　　单位：万 t

省区	2007 年	2008 年	2009 年	2010 年	2011 年	2012 年
河南	92.39	116.94	119.16	105.41	130.66	152.65
安徽	30.91	37.19	61.7	85.66	80.07	47.71
湖南	49.73	60.27	63.63	82.66	96.33	106.47
云南	37.54	35.38	31.87	37.89	43.15	55.81
江苏	11.53	13.02	17.28	17.08	18.93	10.10
广西	15.05	14.74	13.28	14.86	16.88	9.60
广东	10.18	13	12.14	11.24	2.21	3.84
全国	278.83	345.18	370.79	419.94	464.77	464.57

数据来源：中国有色金属工业协会。

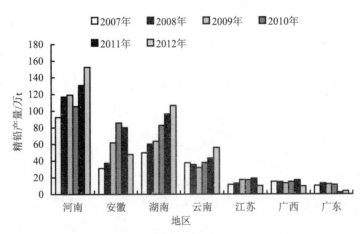

图 1-4　2007—2012 年我国主要地区精铅产量

当前，我国铅冶炼采用传统工艺的比重已大幅减少，采用传统工艺的企业中除部分较大规模企业采用烧结机外，其余多采用烧结锅或烧结盘，虽然国家已经明令淘汰污染大的烧结设备，但在边远地区仍大量存在。近年来投产或即将建设的铅冶炼厂多采用我国自主研发的富氧底吹-鼓风炉还原熔炼工艺或富氧底吹-液态高铅渣还原工艺。

我国自主研发的富氧底吹-鼓风炉还原炼铅的 SKS 工艺近年来在国内得到了迅速发展,至 2012 年,建成投产或正在建设的富氧熔炼铅冶炼生产线已超过 30 条,产能超过 200 万 t。

除以上技术外,国外新的炼铅技术也在我国得到应用,如云南驰宏锌锗引进的 ISA 炼铅、株洲冶炼厂引进的基夫塞特法炼铅工艺等。

在铅精炼方面,中国和日本基本上全部采用电解精炼工艺,其产品品质稳定,中间物料产出量小,伴生元素容易回收,尤其适合处理高铋粗铅。而俄罗斯和欧美等国普遍采用的火法精炼,其优点是投资较低,中间积存铅量少,资金周转快。

二、资源分布及产业布局

1. 铅精矿产量产能

铅锌是我国优势矿产资源。我国铅矿查明资源储量 3 481.80 万 t,储量及基础储量仅次于澳大利亚、美国,居世界第三位。我国铅锌矿资源表现为以下特点:第一,大矿少,小矿多,大型铅矿仅占全部矿床的 1.5%。第二,富矿少、贫矿多,高于 3% 的探明铅储量只占全部探明储量的 30% 左右。第三,铅锌储量、基础储量保证年限不高,铅储量不足 4 年,基础储量 5.6 年。第四,国内铅锌业矿山以小企业为主。第五,随着国内铅锌冶炼产能的扩张,国内铅锌原料的进口也在迅速增加。

从储量分布来看,内蒙古、湖南、广西、四川、广东和云南是我国主要铅锌资源分布地,合计保有储量约占全国总量的 80%,主要地区矿产铅资源产量见表 1-4。

表1-4   2006—2012年我国主要地区矿产铅资源产量   单位：万t

省份	2006年	2007年	2008年	2009年	2010年	2011年	2012年
内蒙古	14.45	19.74	26.26	28.78	42.61	14.45	78.69
湖南	9.96	13.84	10.15	14.86	27.35	9.96	41.45
广西	5.78	7.37	6.91	12.6	23.78	5.78	38.38
四川	8.26	10.38	13.86	17.24	22.3	8.26	38.58
广东	7.93	9.39	12.32	12.11	12.88	7.93	12.08
云南	10.41	13.26	11.5	11.07	10.64	10.41	17.18
全国	133.06	140.21	114.54	136.04	185.15	133.06	283.84

数据来源：中国有色金属工业协会。

据中国有色金属工业协会统计，2012年我国累计生产铅精矿283.8万t，同比增长20.4%。其中，内蒙古依旧是我国最大的铅精矿生产省份，2012年全年的产量为78.7万t，同比增长17.1%，占全国的比重接近30%。2012年10月内蒙古正镶白旗日处理1 500 t铅锌选厂项目投产，该项目年产铅锌精粉3万t，不过因为投产时间晚于预期的2012年4月份，对2012年内蒙古铅精矿产量带来的贡献不大。2012年内蒙古和四川铅精矿产量的同比增幅未能位居前列，主要是受当年霜冻天气较早来临影响；四川除了受到夏季多轮暴雨袭击的影响，9月份部分矿山被关停整治，直到十八大结束才继续生产的因素也令四川铅精矿产量增幅小于去年同期。从数据上看，2012年广西铅精矿产量38.4万t，同比增长43.8%，增幅高于内蒙古和四川。

2. 产业布局

我国以独立的铅生产企业和锌生产企业为主，铅锌综合企业占少数；铅锌深加工产品少，国内企业产品差异较小，品牌效应不明显；国内铅锌价格透明，贸易商和物流公司作用大，有一定的投机机会；铅生产是有色金属行业集中度最低的，依靠国内消费市场和低环保成本有一定的行业竞争力。

据中国有色金属工业协会统计，2009年我国规模以上的铅锌企业 1 374 家, 其中采选企业 754 家, 冶炼企业 620 家。全年铅锌行业总资产 2 070.7 亿元, 占有色金属行业总资产的 11.6%, 其中采选业 752 亿元, 冶炼业 817 亿元; 主营业务收入 2 241 亿元, 其中采选业 771 亿元, 冶炼业 1 470 亿元; 实现利税总额 255.1 亿元, 其中利润 147.5 亿元, 采选业实现利润 84 亿元, 冶炼业利润 63.5 亿元。

经过几十年的发展建设, 我国已经形成了东北、湖南、两广、滇川、西北五大铅锌采选冶炼和加工配套生产基地, 铅产量占全国总产量的 85% 以上。我国铅锌冶炼企业众多、布局分散、规模有限。2001 年我国前 10 位铅企业产量占全国产量比例为 52%, 2008 年降为 37.5%。铅行业近几年快速发展, 但只是矿山、冶炼厂数量与产量的简单放大, 市场缺乏具有国际竞争力的大型采选冶炼企业。

近来, 我国铅采选业和冶炼业出现融合的趋势, 未来采选冶一体化的企业数量将增加。一是企业已经非常重视对资源的占有和加紧原料基地的建设。如株洲冶炼集团公司、豫光金铅公司、四川宏达公司等主要的铅锌冶炼企业相继通过公开竞标互相参股、并购等形式参与矿山的开发, 以保证其原料的长期稳定供应; 二是有实力的矿业集团开始进军铅锌冶炼业, 如甘肃建新矿业收购甘肃某锌冶炼厂, 内蒙古紫金矿业宣布建设大型冶炼厂, 云南、广西等地某些冶炼厂和矿山合并, 成立新的矿冶一体化的企业, 甚至, 一些有实力的企业通过资本运作, 收购海外矿山股份, 以获得稳定的资源供给, 如五矿收购澳大利亚 OZ 矿业公司, 中金岭南收购澳大利亚 PEM 矿业公司等。

总体上冶炼业投资仍然明显大于矿业投资, 冶炼企业呈大型化的趋势, 新建的铅锌冶炼厂规模分别在 5 万 t/a 和 10 万 t/a 以上, 相比采选业仍然起点低、规模小。按照目前的发展速度, 在今后的几年内, 冶炼业主要依靠小型矿山提供原料的局面仍无法改变, 能够实现原料自给的企业极少。

表1-5　我国主要铅锌冶炼企业生产能力及矿石自给率

企业	铅锌生产能力/（万 t/a）	矿石自给率/%
豫光金铅	50	1
湖南株冶	60	1
中金岭南	28	45
四川宏达	20	80
驰宏锌锗	26	70（锌）；40（铅）
西部矿业	11	182
白银公司	20	40
湖南水口山	18	10

数据来源：中国有色金属工业协会。

　　随着铅锌冶炼行业的快速发展，我国铅锌企业逐步壮大，虽然主要铅锌冶炼企业的产能不断扩大，但是仍以中小企业为主，而其数量仍然不断增加，行业集中度不高。

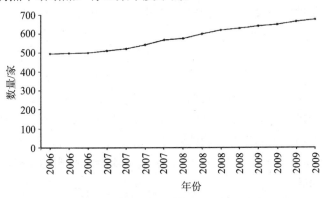

图1-5　我国铅锌冶炼企业数量变化

　　铅锌冶炼行业是资金和资源密集型的行业，能源消耗大，环境污染较为严重。由于国家产业发展规划的推动和行业竞争的不断加剧，该行业出现了大规模的企业重组，通过整合出现了一些大的企业集团。如以株冶、水口山和黄沙坪为主组建了湖南有色集团，以柳州华锡为核心组建了广西有色集团，以驰宏锌锗、金鼎锌业、保山股份为主组建了云南冶金集团，池州有色、张十八铅锌矿并入了江西铜业，中冶集团重组了葫芦岛铅锌厂等。

3. 精铅产量产能

我国铅冶炼产能从 2000 年开始步入快速增长通道。2000—2009 年，铅冶炼产能的年均增速达到 16.4%。精铅产量也从 2000 年开始增长，2003 年开始加速。2003—2012 年，精铅产量的年均增速达到 11.2%，低于产能的增长速度。

我国自 2003 年超过美国成为全球最大的精铅生产国，此后一直维持绝对优势。西方国家因铅生产过程中的环境污染问题，产量呈下降的趋势。

2012 年，我国精铅产量 464.6 万 t，与 2011 年产量基本持平。其中矿产铅 328.4 万 t，同比增长 2.0%；再生铅产量 136.2 万 t，同比下降 4.7%。再生铅产量占到铅总产量的 29.3%，与 2011 年相比下降约 1.4 个百分点。河南、湖南、云南、安徽、湖北为全国铅产量排名前五位的省份，产量占到全国总产量的 84.7%。安徽、江苏、湖北仍是再生铅的主要产区。

据中国有色金属工业协会统计，2012 年 12 月我国精铅产量为 42.2 万 t，环比减少 4.6%，同比减少 2.9%，其中原生铅产量为 33.3 万 t，环比增长 1.3%，再生铅产量为 8.9 万 t，环比减少 21.4%。由上可见，12 月精铅产量的环比回落是由再生铅产量大幅下降所致。进入 12 月份国内铅价持续回落，国内现货市场 1#铅价不足 14 750 元/t，较上月下跌 150 元/t，且为年内最低月均价，还原铅均价被拖累至 12 910 元/t 左右，而废电瓶均价依然在 8 000 元/t 以上，生产 1 t 还原铅，再生铅企业可能平均要亏损 200 余元。因再生铅行业内小企业众多，且多靠行情来赚取利润，在利润空间不足的情况下，停产观望的小型再生铅企业增多。

2012 年我国精铅产量总计 464.6 万 t，几乎与去年持平，其中全年生产原生铅 328.4 万 t，同比增长 2.0%，全年生产还原铅 136.2 万 t，同比减少 4.7%。还原铅产量下降一方面是受到持续的环保整治影响，部分企业被关停整治；另一方面就是，年内大多时间内的价格行情没有为再生铅企业提供多少利润空间，企业生产积极性不高。2012年原生铅产量虽然继续保持增长，但增幅较上年的 10.7%明显放缓，这主要是受到年内铅需求疲弱拖累。今年大部分时间内铅价低迷，价格变化空间不大，冶炼厂通过跨期价差获取相对低价原料的机会不多，在铅金属冶炼业务上基本处于盈亏平衡点，主要通过把原料"吃干榨尽"，回收铅精矿中各种有价稀贵金属来获取更多利润空间。

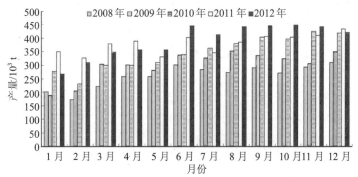

图 1-6　我国精铅分月产量

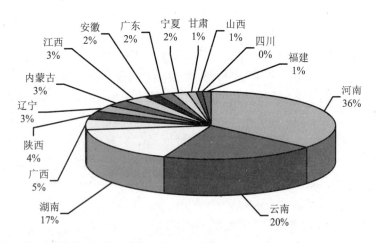

数据来源：利源信息网。

图 1-7　我国原生铅产能分布图

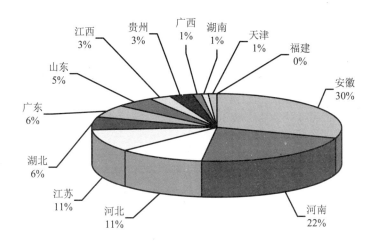

数据来源：利源信息网。

图 1-8　我国再生铅产能分布图

4. 精铅进出口

据海关统计，2012 年 12 月我国进口铅合金 4 487.7 t，环比减少 1.8%，同比增长 3.5%，1—12 月我国累计进口铅合金 4.4 万 t，同比减少 3.4%，而上年同期是同比增长 12.2%；2012 年 12 月我国出口铅合金 43.8 t，环比减少 95.2%，同比减少 69.4%，1—12 月累计出口铅合金 2 552.3 t，同比减少 57.7%，而上年同期是增长 148.6%。虽然过去两年铅合金都是处于净进口的状态，而且净进口量几乎持平，但 2012 年中国铅合金的贸易规模呈缩小趋势，出口减少幅度更是明显。

铅材贸易方面，2012 年 1—12 月总共出口铅材 1.9 万 t，同比减少 58.6%。在 12 月出口的 3 900 多 t 铅材中，铅板出口量超过 3 700 t，占当月出口铅材的比例达到 95%，而上月的比例为 70%。据安泰科调研，12 月份铅板出口量的突增，主要是由于新增几家云南的企业出口铅板，这几家企业当月的出口量近 3 000 t。我国对精铅出口征收 10% 的高额出口关税，加上国内铅的产品体系不同，自 2008 年起，我国年出口精铅的非常有限，2011 年的精铅出口量不足万吨。2012 年我国铅市场消费低迷，而临近年内，国外期货市场铅价走势强劲，现货市场铅价更是出现较高溢价，部分企业选择通过变相出口的方式来消化市场上的过剩库存并赚取利润，而国家对铅板尚未征收出口关税，故铅板出口量增长明显。2012 年 12 月铅材进口量较上月基本稳定，1—12 月累计进口铅材 1 229.6 t，同比减少 61.9%。

2012 年 12 月中国铅精矿进口量回落至 11.6 万 t（实物量），同比下降 16%，这是由于沪伦比值继续向下修复，令国内冶炼厂进口铅精矿并在国内加工并售出精铅没有了利润空间。据海关统计，2012 年中国累计进口铅精矿 182.3 万 t（实物量），同比增长 26.2%，高出去年同期近 40 个百分点。2012 年进口铅精矿的企业除了河南一些较大型、但自身原料自给率低的冶炼厂外（河南产能排名前三的冶炼厂进口量占全国的比重超过 20%），像江铜这样新建的项目，因在国内尚未建立稳定的原料渠道，也开始大量进口铅精矿。

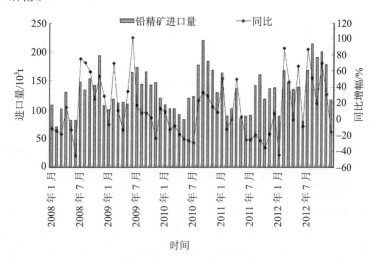

图 1-9　2012 年我国铅精矿进口量逐月变化情况

表 1-6　中国铅贸易情况　　　　　　　　单位：万 t

	出口量			进口量		
	2012 年 12 月	2012 年 1—12 月	同比增长/%	2012 年 12 月	2012 年 1—12 月	同比增长/%
铅精矿	—	—	—	11.6	182.3	26.2
精铅	445.5	2 204.4	−64.0	364.8	6 829.6	5.4
铅合金	43.8	2 552.3	−57.7	4 487.7	44 257.8	−3.4
铅材	3 905.4	18 670.6	−58.6	96.5	1 229.6	−61.9

数据来源：中国海关。

三、市场需求

铅的主要消费领域有蓄电池、电缆护套、氧化铅和铅材。铅化合物主要用于颜料、玻璃、橡胶及医药等部门。其中 90%用于生产合金、铅材，10%以铅化合物用于其他行业。

发达国家巨大的替换市场决定了今后铅的生产和需求以自我循环为主，对原生铅的需求有限。而原装汽车电池需求主要在新兴国家，过去几年全球汽车原装电池需求增长 2%～2.5%，中国增长 8%以上，今后三年中国将继续保持较快增长。特别是铅酸蓄电池应用对铅价极其敏感，铅价在 2 000 美元/t 时，铅占蓄电池成本的 70%，3 000 美元/t 时占蓄电池成本的 80%，80%是混合动力汽车电池的使用极限。

中国再生铅产量增速将加快，预计 2012—2013 年中国再生铅产量可以达到总产量的 50%左右（目前仅为 30%）。未来三年再生铅比例仍然不足，对进口精矿的依赖仍高，生产成本难以下降。同时，印度、伊朗、泰国、哈萨克斯坦等国家的精铅供应将会增加。

1. 铅酸蓄电池市场需求

据国家统计局统计，2012 年全年我国累计生产铅酸蓄电池 17 486.3 万 kVA·h，同比增长 27.3%，较去年同期扩大 24%。铅酸蓄电池产量的高速增长，一方面是因为 2011 年的环保整治以及 2012 年的《铅酸蓄电池行业准入条件》正式实施推动铅酸蓄电池行业内的大企业不断扩张产能，另一方面部分不符合环保规范的小企业并没有被关闭，而是转入地下运转，上述两种情况令产量明显增长。不过由于终端领域需求不振，产量大幅增长带来的是企业库存高企，部分企业一度采取价格战来消耗库存，但最终不能解决实质问题。2012 年冬季较往年更冷，在一定程度上带动了汽车替换型铅酸蓄电池的需求，但目前来看对整个行业的提振有限。据安泰科估算，2012 年我国累计耗铅量约为 451.0 万 t，同比增长 12.6%。

分省份来看，仅广东省铅酸蓄电池产量出现同比下降，这主要是受环保整治的影响。浙江、山东和河南三省的铅酸蓄电池产量在 2012 年增长明显，对浙江省而言，虽然环保整治令浙江省在产的铅酸蓄电池企业数量减少，但产能并未出现明显缩小，而且省内的主要大企业也在通过扩建、并购等方式不断扩张产能；河南省产量增长明显主要得益于超威在河南建设三期工程年产 2 000 万只大容量蓄电池项目的投产；2012 年山东省铅酸蓄电池产量异军突起，从 2011 年的第六位，上升至 2012 年的第二位，产量飙升一方面是产能的扩张，另一方面是受益于山东省低速电动车市场的快速发展，像山东时风、德州宝雅等低速电动车企业均采用的是铅酸蓄电池。

2. 汽车及通信等方面市场需求

2012 年我国汽车产销均突破 1 900 万辆，创历史新高，2012 年及 2013 年分别达 1 927.2 万辆和 1 930.6 万辆，同比分别增长 4.6% 和 4.3%，比上年同期分别提高 3.8 个和 1.9 个百分点，总体呈稳中有进的增长态势。据公安部最新公布的数据，我国汽车保有量已达 1.2 亿辆，年增长 1 510 万辆，增长量已超过 1999 年年底全国汽车保有量。2012 年的冷冬更加速了对汽车替换型电池的需求。

我国电动自行车基本进入以更换拉动需求的时期。因市场逐渐

趋于饱和，2012 年全年新增需求保持 5%左右的平稳增长态势，12
月份是电动自行车行业的产销淡季，再加上冬季北方天气寒冷，电
动自行车的使用频率降低，电动自行车用铅酸蓄电池的替换需求也
相对低迷。

据国家统计局公布的数据，2012 年 12 月当月移动通信基站设
备产量 1 465.8 万信道，环比增长 53.5%，同比增长 79.5%；2012 年
1—12 月全国移动通信基站设备累计总产量 11 777.7 万信道，同比增
长 41.0%，增幅较去年同期扩大近 36 个百分点。虽然我国移动通信
基站建设已处于一个相对平稳时期，但是随着基站数目的增多，运
营商正逐步建设动力环境监控及启动基站配套设备节能系统，这些
都增加了对电池设备的采购需求。

内燃机引擎用铅酸蓄电池出口情况在 12 月份明显强劲。据海关
统计，2012 年 12 月份我国出口内燃机引擎用铅酸蓄电池 201.5 万只，
环比增长 53.6%，同比增长 30.7%，这主要是由于 2012 年冬天，全
球多个国家遭遇罕见的极寒天气，比以往更猛烈的寒冬增加了国外
对汽车启动型替换铅酸蓄电池的需求；1—12 月份我国累计内燃机引
擎用铅酸蓄电池出口 2 096.3 万只，同比增长 35.5%，较 2011 年扩
大近 50 个百分点。2012 年 12 月份其他领域用铅酸蓄电池出口量为
1 041.3 万只，环比大幅增长 25.4%，同比略增 0.9%；1—12 月份的
累计出口量为 13 227.0 万只，同比增长 11.5%，较上年同期扩大近
30 个百分点。

四、铅冶炼行业存在的问题和解决途径

1. 存在的问题

（1）原料对进口的依赖更加突出

目前我国铅锌矿资源开发利用程度比较高，在现有 800 余处
矿区中，已经开发利用 500 余处。铅总储量的 88%已经开发利用，
锌总储量的 93%已经开发利用。根据现有地质勘探情况，可供建

设的大中型铅锌矿山不多，加上现有矿山的资源逐渐枯竭，原矿品位下降，产能也逐年下降，估计国内精矿产量难以大幅增加，资源供给严重不足，产业结构性矛盾突出，国内的精矿资源形势不容乐观。

在国内大中型冶炼企业中，除了少数一到两家冶炼厂原料可以自给外，其他几家拥有自有矿山的冶炼企业的原料自给率均不足 50%。绝大部分冶炼厂都没有稳定可靠的原料供应保证，在国内原料供应中，长期合同比例不足 30%。近年来，我国铅锌矿业投资比重不断提高，国内铅原料供应能力得到明显改善，采选和冶炼能力之间的矛盾得到一定程度缓解，但铅锌原料仍呈供不应求之势。

（2）行业集中度不高，集约化经营优势有待进一步发挥

我国铅冶炼业的特点之一是行业集中度不高。2009 年按产量排序前 3 个省份湖南、河南、云南的铅锌产量合计为 389.32 万 t，占全国铅锌总产量的 52.1%。同比下降了 1.42 个百分点。2009 年铅锌规模以上的冶炼企业数量达到 674 家，是 2005 年的 1.88 倍。2009 年，平均每家铅锌冶炼企业的铅锌产量 1.19 万 t，而 2003 年和 2005 年分别为 1.28 万 t、1.11 万 t，总的来看，近年来规模以上铅锌冶炼企业的每户平均铅锌产量变化不大。

（3）环境污染事件频发

铅锌冶炼行业则是有色金属工业中的污染大户，SO_2 与烟、粉尘排放量大，且冶炼过程产生的烟尘或粉尘含有铅、镉等重金属，无组织排放或低矮排气筒产生的烟气在近地面扩散可造成小范围空气质量显著下降，严重时可引发中毒事件，国内众多铅锌冶炼企业均有职工血铅超标现象。目前我国铅冶炼采用烧结鼓风炉工艺仍占较大比例，该工艺由于烧结烟气 SO_2 含量低，无法采用二转二吸制酸，导致大量 SO_2 外排，严重污染空气环境。许多铅冶炼厂都曾出现外排 SO_2 导致农作物歉收或铅尘导致周边农田土壤理化性质恶化等事件。

除此之外，铅冶炼生产过程还产生大量含重金属的有毒废水，

由于重金属可在地表水体及其底泥中累积，因此，即使废水达标排放，仍将对地表水体造成不可逆的影响，而当企业发生事故排放时，其环境影响更为严重。近年来我国国内连续出现铅锌冶炼企业污染江河，影响下游城市生活用水的环境污染事件，且铅冶炼厂多次因儿童血铅超标等原因引发环境纠纷。

（4）产业布局不合理引发的环境风险

我国铅冶炼企业产业布局及建设厂址选择不够合理，目前国内除几个直辖市外均有铅冶炼企业分布，由于历史原因，大部分大中型铅冶炼企业厂址均选择在主要河流周边，如韶关冶炼厂、株洲冶炼厂等；其次，尽管近些年铅冶炼新技术不断得到发展，但是落后的烧结-鼓风炉炼铅工艺仍普遍存在；另外随着城市的不断发展，大多数铅冶炼企业均面临被居民区包围的尴尬境界，无法保证合理的环境防护距离要求，这些因素导致了当前国内铅冶炼企业重金属突发环境事件高发、频发的局面。

（5）卫生防护距离难以保证

从近期发生的多起血铅超标事件可以看出，部分企业虽然做了环境影响评价，但仍存在未按要求设置卫生防护距离、违法违规生产等问题。正是这些铅冶炼企业与当地居民的"亲密接触"，导致了周边居民出现血铅超标。

（6）厂址选择未综合考虑周边环境风险

目前铅冶炼企业环境影响评价中对于厂址选址只关注产业政策要求，未综合考虑厂址本身的环境风险问题，特别是未关注原料运输线路的合理性；对于铅冶炼准入条件颁布前审批的铅冶炼项目均存在环境防护距离不足 1 km 的问题，对周边环境风险较大。

（7）未制定重金属突发环境事件应急预案

环评报告中提出的应急预案千篇一律，没有针对性，特别是没有提出针对重金属突发环境事件的应急预案；报告中给出的事故缓冲池未综合考虑全厂的生产废水、初期雨水和消防用水等，容积明显不足，事故缓冲池选取的位置也无法保证事故情况下废水能靠自流汇入池中。

2. 解决途径

（1）调整铅冶炼行业产业结构和产业布局

我国现有的粗放型铅冶炼发展模式必将增加环境污染的风险，导致突发环境事件高居不下。因此，必须高度重视目前严峻的环境污染形势，同时也要看到行业转型过程中带来的环境效益。继续以科学发展观作为统揽，既要遵循产业布局发展规律和运行机制，又要针对铅冶炼行业的特点和问题，借鉴发达国家的成功经验，通过产业整合实现工业布局的优化，实现环境约束下的产业结构升级，实现行业与生态环境协调发展。

（2）严格落实企业卫生防护距离要求

建设项目如涉及居民搬迁问题，应首先明确其性质是项目工程搬迁还是环保搬迁，在环境保护目标中应明确防护距离内敏感点名称及数量，详细说明搬迁方案、搬迁实施计划及配套资金落实情况，未能落实搬迁方案的企业一律不予受理。

对现有的冶炼企业，要严格按照产污强度和安全防护距离等要求，实施准入、淘汰和退出制度。

（3）充分关注厂址周边的环境风险

1）将环境与健康风险评价作为重金属建设项目环境影响评价的重要内容。开展区域农作物重金属本底值和人群健康现状调查（包括血铅、血镉、血砷等本底值检测），定期对项目周边生活聚集区居民进行人体健康检测，同时预留人体健康保障金。

2）原料运输线路也应尽量避开居民集中区、基本农田保护区、饮用水源地等敏感区域，避免因原料遗撒而造成重金属风险事故。

3）对饮用水水源一级、二级保护区内的铅冶炼企业，应一律取缔关闭。

（4）将节能和环保作为行业发展规划的重点

我国能源供需矛盾尖锐，有色金属工业单位产品能耗为 4.76 t 标准煤，比国际先进水平高 15%左右。今后有色金属工业包括铅冶炼工业将必须坚持节能优先，努力推进结构节能、技术节能、能源转换和梯级利用。主要通过：①提高企业生产能力和集约化程度，采用先进工艺和大型装备，提高能源使用效率，铅冶炼行业大力发展自热强化熔炼工艺、设备和自动控制技术等；②加强炉窑保温，改进燃烧方式和气氛，提高热效率；③余热资源充分回收利用；④以信息技术为核心，节能技术优化集成，把生产过程能源利用效率始终控制在最佳状态，达到系统节能目的；⑤优化原料结构，提倡精料方针，节约能源。

在环保方面，通过强化冶炼废水重金属污染物控制与治理技术，提高废水治理率和工业用水重复利用率，个别大型铅冶炼企业工业废水已可以接近或达到零排放。通过改进冶炼工艺和 SO_2 回收技术，铅冶炼企业的硫综合回收率得到了较大幅度地提高，从而减少了 SO_2 的排放量。

（5）大力开展企业清洁生产审核工作

近年来，随着国内清洁生产工作的蓬勃发展，一些大中型铅冶炼企业相继开展了本企业的清洁生产审核工作，对于提高企业自身清洁生产水平带来了积极的意义。

（6）严格落实重金属突发环境事件应急预案

应急预案编制应符合企业的实际情况，严格落实各项突发环境事件应急措施，铅冶炼企业如未编制突发环境事件应急预案一律不予核准试生产。

（7）保障公众行使环境知情权、参与权和监督权

1）遵照《环境信息公开办法》《环境影响评价公众参与暂行办法》（环发[2006]28 号）和《环境影响评价法》等相关法规、办法的要求，加强信息公开，进一步推进环评管理民主决策。

2）修订《环境影响评价公众参与暂行办法》，细化和规范公众参与的内容和程序，创新公参组织形式，扩大参与范围和有效性。

3）公布报告书简本，审查公参的合法性、有效性、代表性、真实性。

4）贯彻《关于建立健全重大决策社会稳定风险评估机制的指导意见（试行）》，主动配合牵头部门落实社会风险评估机制。

（8）严格落实重金属总量控制要求

根据《重金属污染综合防治"十二五"规划》要求，需明确拟建项目是否位于重点区域、是否涉及重点重金属污染物排放。对于新、改扩建有重金属污染物排放的项目应严格核实重金属污染物排放总量，须结合项目所在省（区、市）人民政府制定的地区重金属污染综合防治规划，进一步说明拟建项目新增铅、砷、汞、镉、铬等重金属污染物的区域削减来源。

第二章　铅冶炼行业相关法律法规和产业政策

目前关于铅冶炼行业的法律法规主要有：《关于加强重金属污染防治工作指导意见的通知》（国办发[2009]61号）、《重金属污染综合防治"十二五"规划》（国务院2011年2月18日）、《国务院关于印发有色金属产业调整和振兴规划的通知》（国发[2009]14号）、《关于深入推进重点企业清洁生产的通知》（环发[2010]54号）、《关于加强铅蓄电池及再生铅行业污染防治工作的通知》（环发[2011]56号）、《有色金属工业"十二五"发展规划》（工信部2012年1月30日）和《关于开展铅蓄电池和再生铅企业环保核查工作的通知》（环办函[2012]325号）。

产业政策主要有：《产业结构调整指导目录》（2011年本）（修正）、《铅锌行业准入条件》（国家发展改革委2007年第13号公告）。

污染物排放标准主要是2010年10月1日实施的《铅、锌工业污染物排放标准》（GB 25466—2010）和《铅、锌工业污染物排放标准》（GB 25466—2010）修改单。

清洁生产标准主要是2007年国家发展改革委发布的《铅锌行业清洁生产评价指标体系（试行）》（国家发展改革委2007年第24号公告）、2009年11月公布的《清洁生产标准　粗铅冶炼业》（HJ 512—2009）与《清洁生产标准　铅电解业》（HJ 513—2009）。

其他的相关规范主要是《铅锌冶炼工业污染防治技术政策》（公告2012年第18号　2012-03-07实施）和《铅冶炼污染防治最佳可行技术指南（试行）》（HJ-BAT-7）。

对上述产业政策和法律法规的铅冶炼行业相关规定摘录如下。

一、铅冶炼行业相关法律法规

1.《有色金属产业调整和振兴规划》

《有色金属产业调整和振兴规划》由国务院于 2009 年 5 月 11 日公布。

规划目标：2009 年，淘汰落后铅冶炼产能 60 万 t，粗铅冶炼综合能耗低于 380 kg 标准煤/t、硫利用率达到 97%以上，余热基本 100%回收利用，废渣 100%无害化处置。形成 3～5 个具有较强实力的综合性企业集团，到 2011 年，国内排名前十位的铅企业的产量占全国总产量的比重分别提高到 60%。力争在关键工艺技术、节能减排技术，以及高端产品研发、生产和应用技术等方面取得突破，推动产业技术进步，提高产品质量，优化品种结构。采用富氧底吹等先进技术的铅冶炼能力达 70%。严格执行准入标准和备案制，严格控制铅新增产能。按期完成淘汰烧结锅炼铅产能。逐步淘汰能耗高、污染重的落后烧结机铅冶炼产能。

2.《关于深入推进重点企业清洁生产的通知》

《关于深入推进重点企业清洁生产的通知》（环发[2010]54 号）由环境保护部于 2010 年 4 月 22 日发布。

通知规定：重有色金属矿（含伴生矿）采选业、重有色金属冶炼业、含铅蓄电池业、皮革及其制品业、化学原料及化学制品制造业五个重金属污染防治重点防控行业的重点企业，每两年完成一轮清洁生产审核，2011 年年底前全部完成第一轮清洁生产审核和评估验收工作。

3.《关于加强铅蓄电池及再生铅行业污染防治工作的通知》

《关于加强铅蓄电池及再生铅行业污染防治工作的通知》（环发[2011]56 号）由环境保护部于 2011 年 5 月 19 日发布，全文摘录如下：

一、严格环境准入，新建涉铅的建设项目必须有明确的铅污染物排放总量来源。各省（区、市）环保厅（局）要根据《规划》目标对本省（区、市）的所有新建涉铅的项目进行统筹考虑，禁止在《规划》划定的重点区域、重要生态功能区和因铅污染导致环境质量不能稳定达标区域内新、改、扩建增加铅污染物排放的项目；非重点区域的新、改、扩建铅蓄电池及再生铅项目必须遵循铅污染物排放"减量置换"的原则，且应有明确具体的铅污染物排放量的来源；对于现有铅蓄电池或再生铅企业，未依法落实防护距离的，应立即责令停止生产，限期整改，经地级市以上环保部门检查合格后方可恢复生产。铅蓄电池生产及再生铅冶炼企业的建设项目环境影响评价由省级或省级以上环境保护主管部门审批。

二、进一步规范企业日常环境管理，确保污染物稳定达标排放。铅蓄电池企业应切实采取有效措施对极板铸造、合膏、涂片、化成等工艺进行全面污染治理，必须建设完善的铅烟、铅尘、酸雾和废水收集、处理设施，并保证污染治理设施正常稳定运行，达标排放，减少无组织排放。严禁将铅蓄电池破碎产生的废酸液未经处理直接排放，铅蓄电池及再生铅企业生产过程中产生的废渣及污泥等危险废物必须委托持有危险废物经营许可证的单位进行安全处置，严格执行危险废物转移联单制度。接触铅烟、铅尘的废弃劳动保护用品应按照危险废物进行管理。

铅蓄电池及再生铅企业要制定完善的环保规章制度和重金属污染环境应急预案，定期开展环境应急培训和演练。铅蓄电池及再生铅企业要进一步规范物料堆放场、废渣场、排污口的管理，逐步安装铅在线监测设施并与当地环保部门联网，未安装在线监测设施的企业必须具有完善的自行监测能力，建立铅污染物的日监测制度，每月向当地环保部门报告。

三、完善基础工作，严格企业环境监管。按照《规划》要求，2012年年底前要全面建立企业环境管理档案。地方环保部门应建立健全铅蓄电池及再生铅企业档案和信息数据库，实施重点监管，通过环保验收正式投入生产的建设项目必须及时纳入数据库，已经被淘汰、取缔关闭的企业要定期注销；企业生产、日常环境管理、清洁生产、治理设施运行情况、在线自动监测装置安装及联网情况、监测数据、污染事故、环境应急预案、环境执法等情况要纳入数据库，实施综合分析、动态管理。建立铅蓄电池及再生铅企业的监督检查台账。

地方各级环保部门应按照《关于加强重金属污染环境监测工作的意见》（环办[2011]52号）的要求对辖区内所有铅蓄电池及再生铅企业开展监督性监测，重点检查物料的管理、重金属污染物处置和应急处置设施情况等。全面开展清洁生产审核，对现有铅蓄电池及再生铅企业每两年进行一次强制性清洁生产审核。

地方各级环保部门要认真贯彻落实我部《关于进一步规范监督管理严格开展上市公司环保核查工作的通知》（环办[2011]14号）的有关规定，加大对企业环境安全隐患的现场排查和监督整改力度，对于存在环境安全隐患的重金属排放企业，须待其全部完成整改且经现场核实确认隐患消除后，才可出具同意的核查初审意见或核查意见。

四、进一步加大执法力度，采取严格措施整治违法企业。各级环保部门要进一步加大铅蓄电池及再生铅企业的执法监察力度，严格按照环保专项行动工作方案的要求，对未经环境影响评价或达不到环境影响评价要求的，一律停止建设；对环境保护"三同时"执行不到位的，一律停止生产；对无污染治理设施、污染治理设施不正常运行或超标排放的，一律停产整治；对无危险废物经营许可证从事废铅蓄电池回收的，一律停止非法经营活动；对污染严重、群众反映强烈、长期未得到解决的典型环境违法问题实施挂牌督办和责任追究。

五、实施信息公开，接受社会监督。各级环保部门应建立企业环境信息披露制度，铅蓄电池及再生铅企业应每年向社会发布企业年度环境报告，公布铅污染物排放和环境管理等情况。各地要按照《关于2011年深入开展整治违法排污企业保障群众健康环保专项行动的通知》要求，在 2011 年 7 月 30 日前，在省（区、市）环保厅（局）网站上公布辖区内所有铅蓄电池及再生铅企业名单、地址，以及产能、生产工艺、清洁生产和污染物排放情况，并将公布情况报送我部。

六、建立重金属污染责任终身追究制。对于发生重大铅污染以及由铅污染引发群体性事件的地区，我部将对该区域所在地级市实行区域限批，暂停该市所有建设项目的环评审批。对造成环境危害的肇事企业要立即责令停产，停止排放污染物。因重金属污染造成群发性健康危害事件或造成特大环境污染事件的，要依法对造成环境危害的企业负责人及相关责任人追究刑事责任。要从企业的立项、审批、验收、生产和监管各环节，依法依纪对当地政府以及有关部门责任人员实施问责，严肃追究相关责任单位和责任人员的行政责任。造成较大影响的，取消其三年内在环保系统评先资格。今后凡发生重金属污染事件的地区，当地政府主要领导应承担领导责任。

自本通知发布之日起，凡发生重特大铅污染事件以及由铅污染引发群体性事件的国家环境保护模范城市和生态建设示范区，一律立即撤销其国家环境保护模范城市和生态建设示范区称号，三年内不再受理其申请。

七、逐步建立环境污染责任保险制度。引进市场机制，推进保险经纪中介服务，推行铅蓄电池和再生铅行业的环境污染责任保险制度，位于重点区域的重点企业及环境风险较大的生产企业应购买环境污染责任保险。环境污染责任保险将与重金属污染防治专项资金挂钩。

八、加强宣传力度，把回收废铅蓄电池变成每个公民的自觉行动。让更多群众了解废铅蓄电池的危险性、回收的重要意义，把回收废铅蓄电池变成每个公民的自觉行动，抵制将铅蓄电池卖给流动商贩，自觉将置换下来的废铅蓄电池交给 4S 店或维修店。

4.《关于开展铅蓄电池和再生铅企业环保核查工作的通知》

《关于开展铅蓄电池和再生铅企业环保核查工作的通知》（环办涵[2012]325 号）由环境保护部办公厅于 2012 年 3 月 19 日发布。全文摘录如下：

一、请各铅蓄电池和再生铅企业按照《指南》要求，认真开展自查自纠，并于 2012 年 6 月 1 日、9 月 1 日、12 月 1 日前向所在地省级环保部门提交环保核查申请，同时报送自查表和有关核查材料。

二、请各省级环保部门认真组织辖区内铅蓄电池和再生铅企业环保核查工作，督促企业整改存在的环保问题，并于 2012 年 6 月 30 日、9 月 30 日、12 月 31 日前，将初审合格企业名单及有关材料（附电子版）报送我部，同时抄送中国有色金属工业协会。

三、我部将组织成立铅蓄电池和再生铅企业环保核查专家组，15 个工作日内对通过初审的铅蓄电池和再生铅企业资料进行复核。复核后经各环境保护督查中心现场抽查、公开征求意见后，我部将向社会公告符合环保要求的铅蓄电池和再生铅企业名单，同时抄送发展改革委、工业和信息化部、商务部、中国人民银行、国资委、海关总署、税务总局、工商总局、质检总局、安全监管总局、银监会、证监会、电监会、中国有色金属工业协会、中国电池工业协会等有关部门，为其采取相关监管措施提供支持。

四、对于不符合环保法律法规、未通过环保核查或弄虚作假的企业，各级环保部门不予审批其新（改、扩）建项目环境影响评价文件，不予受理其上市环保核查申请，不得为其出具任何方面的环保合格、达标或守法证明文件。

五、各省级环保部门和各环境保护督查中心应加强对铅蓄电池和再生铅企业的日常执法监管，加大现场检查力度，对于严重破坏生态环境，损害群众健康的企业，要依法从严从重从快处罚，并将查处情况及时报告我部。

六、我部将定期或不定期对通过环保核查的铅蓄电池和再生铅企业进行复查和抽查，发现有不符合本指南要求的，将撤销其名单并予以公告。

附：通过环保核查的主要条件

（一）依法执行了建设项目（包括新、改、扩建项目）环评审批和环保设施竣工验收制度

1. 按照《建设项目环境管理条例》、《建设项目环境影响评价文件分级审批规定》要求，取得有审批权的环保行政主管部门的环境影响评价批复。

2. 按照《建设项目竣工环境保护验收管理办法》要求，取得有审批权的环保行政主管部门的竣工环保验收批复。

3. 环境影响评价和环保验收批复中的要求逐一获得落实。

4. 未履行建设项目环境影响评价审批的铅蓄电池和再生铅企业应依法补办环境影响评价手续，申请办理竣工环境保护验收，并取得有审批权的环保行政主管部门书面批复。

（二）污染物排放达到总量控制要求

1. 企业排污量符合所在地环保行政主管部门分配给该企业的总量控制指标要求。

2. 完成主要污染物总量减排任务。

（三）主要污染物和特征污染物达标排放

1. 核查时段内各种废水经处理后实现一类污染物车间排口的稳定达标，其他主要污染物和特征污染物实现总排口的稳定达标排放。

2. 核查时段内各种废气中的主要污染物和特征污染物经处理后实现稳定达标排放。

3. 核查时段内厂界噪声达到相关的标准要求。

4. 监测项目按照环境影响报告书和各级环保部门指定的指标或按照最新颁布的污染物排放控制标准监测。应包括完整的监测点位、监测因子和监测频次。

（四）排污申报登记、排污许可证和排污缴费执行情况

1. 依法进行排污申报登记并领取排污许可证，达到排污许可证的要求。

2. 若企业所在区域未实行排污许可证制度，应由地方环保部门

出具相关说明。

3. 按规定足额缴纳排污费。

（五）环保设施及自动在线监控设备稳定运行

1. 生产过程中产生污染物的处理工艺技术可行，处理设施齐备，且运行维护记录齐全，与主体生产设施同步运转。

2. 按有关监测要求安装污染物在线监测设备，保证监测设备稳定运行、监测数据有效传输。

3. 按期如实向当地环保部门提供在线监测数据有效性审核自查报告，配合在线监测数据有效性审核。

4. 逐步建立重金属特征污染物日监测制度，每月向当地环保部门报告监测结果，实现重金属污染物在线监测装置与环保部门联网。

（六）无重大环境安全隐患且核查时段内未发生重特大突发环境事件

1. 符合卫生防护距离要求，对环境敏感目标不构成环境安全威胁。

2. 核查时段内未发生重大及以上环境污染事故或重大生态破坏事件。

3. 核查时段内未被责令限期治理、限产限排或停产整治。

4. 核查时段内未受到环境保护部或省级环保部门处罚，未受到环保部门 10 万元以上罚款等。

（七）实施清洁生产审核并通过评估验收

1. 按照《清洁生产促进法》和环境保护部的要求实施清洁生产审核，通过省级环保部门评估验收。

2. 核查时段内完成清洁生产审核和评估验收，且每两年滚动完成一轮清洁生产审核。

3. 达到清洁生产二级及以上水平。

（八）环境管理制度及环境风险预案落实情况

1. 有健全的企业环境管理机构，环保档案管理情况良好。

2. 制定有效的企业环境管理制度并有序运转。

3. 按规定制定企业环境风险应急预案，应急设施、物资齐备，并定期培训和演练。

4. 开展环境风险隐患排查、评估，并落实整改措施。

（九）危险废物、一般工业固体废物处理处置情况

1. 废铅蓄电池及各种含铅废料收集、贮存和运输等，应符合国家有关规定。

2. 产生的废物属于危险废物的，应依法进行无害化处置。委托他人代为处置的，应具有危险废物转移联单和处置单位资质证书及相关合同。

3. 一般工业固体废物自行处置或综合利用的，应说明最终排放去向。

（十）环境信息披露情况

1. 建立环境信息披露制度，定期公开环境信息，每年向社会发布企业年度环境报告书，公布含重金属污染物排放和环境管理等情况，接受社会监督。

2. 附近居民无关于环境问题投诉，或投诉问题已得到解决。

5.《有色金属工业"十二五"发展规划》

《有色金属工业"十二五"发展规划》由工业和信息化部于2012年1月30日印发，摘录如下：

《有色金属工业"十二五"发展规划》主要目标：

①产量目标。十种有色金属产量控制在4 600万t左右，年均增长率为8%，其中铅产量控制在550万t，年均增长率为5.2%。

②节能减排。按期淘汰落后冶炼生产能力，万元工业增加值能源消耗、单位产品能耗进一步降低。铅冶炼综合能耗降到320 kg标煤/t及以下。

③技术创新。重点大中型企业建立完善的技术创新体系，研发投入占主营业务收入达到1.5%，精深加工产品、资源综合利用、低碳等自主创新工艺技术取得进展，绿色高效工艺和节能减排技术得到广泛应用。

④结构调整。产业布局及组织结构得到优化，产品品种和质量

基本满足战略性新兴产业需求，产业集中度进一步提高，2015年，前10家铅企业的冶炼产量占全国的比例为60%。企业生产经营管理信息化水平大幅提升。

⑤环境治理。重金属污染得到有效防控，2015年重点区域重金属污染物排放量比2007年减少15%。

⑥资源保障。资源综合利用水平明显提高，国际合作取得明显进展，主要有色金属资源保障程度进一步增强。

6.《重金属污染综合防治"十二五"规划》

《重金属污染综合防治"十二五"规划》于2011年4月由国务院批复，摘录如下：

①严格依法淘汰落后产能

坚持以调结构、促减排为手段，严格执行国家有关产业政策、有色金属及相关行业调整振兴规划，分区域制定和实施重点防控行业的落后产能淘汰措施，加快推进资源浪费、高污染、高耗能、高耗水企业的退出。

②严格准入条件，优化产业布局

新建或者改建的项目必须符合环保、节能、资源管理等方面的法律、法规，符合国家产业政策和规划要求，符合土地利用总体规划、土地供应政策和产业用地标准的规定，并依法办理相关手续。

③重点防控区要执行严格的环境准入政策

重点防控区禁止新建、改建、扩建增加重金属污染物排放的项目。对现有的重金属排放企业，要严格按照产污强度和安全防护距离要求，实施准入、淘汰和退出制度。

④重有色金属冶炼业严格执行准入条件

严格执行准入条件，严格控制重有色金属冶炼业新增产能。禁止在特殊保护的地区新建重有色冶炼企业。新建重有色金属冶炼项目必须有完善的资源综合利用、余热回收、污染治理等设施。

⑤规范企业管理

提高涉重金属企业员工污染隐患和环境风险防范意识，制定并逐步完备企业重金属污染环境应急预案，定期开展培训和演练。切实规范物料堆放场、废渣场、排污口的管理，减少无组织排放，保证污染治理设施正常稳定运行。

⑥实施台账管理，加强企业环境信息公开

重金属排放企业应建立重金属污染物产生、排放详细台账，并纳入"厂务公开内容"，公布重金属污染物排放和环境管理情况。企业产量和生产原辅料发生变化时应及时向环保部门报告，实施动态管理。

重金属排放企业要建立特征污染物日监测制度，每月向当地环保部门报告。同时，应建立环境信息披露制度，定期公开环境信息，每年向社会发布企业年度环境报告书，公布含重金属污染物排放和环境管理等情况，接受社会监督。

⑦推动产业技术进步，推进清洁生产

改变传统的铅锌冶炼工艺，转变为铅锌联合冶炼循环经济产业模式。

依法实施强制性清洁生产审核。针对涉重金属行业，完善清洁生产技术标准，开展重金属行业清洁生产培训，组织清洁生产审核评估验收。重点防控企业每两年完成一轮强制性清洁生产审核并将审核结果依法向有关部门报告。

⑧大力推进污染源治理，加强深度治理和回用

对污水处理厂的污泥要进行无害化处置，含砷废水采用化学沉淀、吸附、离子交换、膜法等方法处理。

完善重金属污染治理技术工艺和设施建设，重点抓好工艺技术、技术装备、运行管理等关键环节，鼓励企业在达标排放的基础上进行深度处理，改造现有治污设施，进行提标升级，建设涉重金属风险单元围堰和事故应急池，加强回用，减少排放，减少环境风险。

⑨合理利用和安全处置含重金属固体废物

大力发展循环经济，推动含重金属废弃物的减量化和循环利用。涉重金属企业要改进生产工艺、管理方式，从源头上减少含重金属低品位矿渣、含重金属污染物的烟尘、含重金属污泥等废渣的产生量，并妥善堆存废渣。

二、铅冶炼行业相关产业政策

1.《产业结构调整指导目录（2011 年本）》（修正）

《产业结构调整指导目录（2011 年本）》（修正）于 2011 年由国家发改委公布，其中与铅冶炼（含再生铅冶炼）行业有关的内容如下：

鼓励类：

①高效、低耗、低污染、新型冶炼技术开发；

②高效、节能、低污染、规模化再生资源回收与综合利用。

a. 废杂有色金属回收；

b. 有价元素的综合利用；

c. 赤泥及其他冶炼废渣综合利用。

限制类：

①铅冶炼项目（单系列 5 万 t/a 规模及以上，不新增产能的技改和环保改造项目除外）；

②新建单系列生产能力 5 万 t/a 及以下、改扩建单系列产能力 2 万 t/a 及以下，以及资源利用、能源消耗、环境保护等指标达不到行业准入条件要求的再生铅项目。

淘汰类：

①烟气制酸干法净化和热浓酸洗涤技术；

②采用烧结锅、烧结盘、简易高炉等落后方式炼铅工艺及设备；

③利用坩埚炉熔炼再生铅的工艺及设备；

④1 万 t/a 以下的再生铅项目；

⑤再生有色金属生产中采用直接燃煤的反射炉项目；

⑥未配套制酸及尾气吸收系统的烧结机炼铅工艺；

⑦烧结-鼓风炉炼铅工艺。

2.《铅锌行业准入条件（2011）》

《铅锌行业准入条件（2011）》由国家发改委于 2011 年公布，摘录如下：

一、企业布局及规模和外部条件要求

新建或者改、扩建的冶炼、再生利用项目必须符合国家产业政策和规划要求，符合土地利用总体规划、土地供应政策和土地使用标准的规定。必须依法严格执行环境影响评价和"三同时"验收制度。

各地要按照生态功能区划的要求，对优化开发、重点开发的地区研究确定不同区域的铅锌冶炼生产规模总量，合理选择铅锌冶炼企业厂址。在国家法律、法规、行政规章及规划确定或县级以上人民政府批准的自然保护区、生态功能保护区、风景名胜区、饮用水水源保护区等需要特殊保护的地区，大中城市及其近郊，居民集中区、疗养院、医院和食品、药品等对环境条件要求高的企业周边 1 km 内，不得新建铅锌冶炼项目，也不得扩建除环保改造外的铅锌冶炼项目。再生铅锌企业厂址选择还要按《危险废物焚烧污染控制标准》（GB 18484—2001）中焚烧厂选址原则要求进行。

新建铅、锌冶炼项目，单系列铅冶炼能力必须达到 5 万 t/a（不含 5 万 t/a）以上；落实铅锌精矿、交通运输等外部生产条件，新建铅锌冶炼项目企业自有矿山原料比例达到 30% 以上。允许符合有关政策规定企业的现有生产能力通过升级改造淘汰落后工艺改建为单系列铅熔炼能力达到 5 万 t/a（不含 5 万 t/a）以上。

现有再生铅企业的生产准入规模应大于 1 万 t/a；改造、扩建再生铅项目，规模必须在 2 万 t/a 以上；新建再生铅项目，规模必须大于 5 万 t/a。鼓励大中型优势铅冶炼企业并购小型再生铅厂与铅熔炼炉合并处理或者附带回收处理再生铅。

铅锌冶炼、再生利用项目资本金比例要达到 35% 及以上。

二、工艺和装备

新建铅冶炼项目，粗铅冶炼须采用先进的具有自主知识产权的富氧底吹强化熔炼或者富氧顶吹强化熔炼等生产效率高、能耗低、环保达标、资源综合利用效果好的先进炼铅工艺和双转双吸或其他双吸附制酸系统。

必须有资源综合利用、余热回收等节能设施。烟气制酸严禁采用热浓酸洗工艺。冶炼尾气余热回收、收尘或尾气低二氧化硫浓度治理工艺及设备必须满足国家《节约能源法》、《清洁生产促进法》、《环境保护法》等法律法规的要求。利用火法冶金工艺进行冶炼的，必须在密闭条件下进行，防止有害气体和粉尘逸出，实现有组织排放；必须设置尾气净化系统、报警系统和应急处理装置。利用湿法冶金工艺进行冶炼，必须有排放气体除湿净化装置。

发展循环经济，支持铅锌再生资源的回收利用，提高铅再生回收企业的技术和环保水平，走规模化、环境友好型的发展之路。新建及现有再生铅锌项目，废杂铅锌的回收、处理必须采用先进的工艺和设备。再生铅企业必须整只回收废铅酸蓄电池，按照《危险废物贮存污染控制标准》（GB 18597—2001）中的有关要求贮存，并使用机械化破碎分选，将塑料、铅极板、含铅物料、废酸液分别回收、处理，破碎过程中采用水力分选的，必须做到水闭路循环使用不外泄。对分选出的铅膏必须进行脱硫预处理（或送硫化铅精矿冶炼厂合并处理），脱硫母液必须进行处理并回收副产品。不得带壳直接熔炼废铅酸蓄电池。熔炼、精炼必须采用国际先进的短窑设备或等同设备，熔炼过程中加料、放料、精炼铸锭必须采用机械化操作。禁止对废铅酸蓄电池进行人工破碎和露天环境下进行破碎作业。禁止利用直接燃煤的反射炉建设再生铅、再生锌项目。

三、能源消耗

新建铅冶炼综合能耗低于 600 kg 标准煤/t；粗铅冶炼综合能耗低于 450 kg 标准煤/t，粗铅冶炼焦耗低于 350 kg/t，电铅直流电耗降低到 120kW·h/t。

现有铅冶炼企业：综合能耗低于 650 kg 标准煤/t；粗铅冶炼综合能耗低于 460 kg 标准煤/t，粗铅冶炼焦耗低于 360 kg/t，电铅直流电耗降低到 121kW·h/t，铅电解电流效率大于 95%。现有冶炼企业要通过技术改造节能降耗，在"十一五"末达到新建企业能耗水平。

新建及现有再生铅锌项目，必须有节能措施，采用先进的工艺和设备，确保符合国家能耗标准。再生铅冶炼能耗应低于 130 kg 标准煤/t，电耗低于 100 kW·h/t。

四、资源综合利用

新建铅冶炼项目：总回收率达到 96.5%，粗铅熔炼回收率大于 97%、铅精炼回收率大于 99%；总硫利用率大于 95%，硫捕集率大于 99%；水循环利用率达到 95%以上。

所有铅锌冶炼投资项目必须设计有价金属综合利用建设内容。回收有价伴生金属的覆盖率达到 95%。

现有铅锌冶炼企业：铅冶炼总回收率达到 95%以上，粗铅冶炼回收率 96%以上；总硫利用率达到 94%以上，硫捕集率达 96%以上；水循环利用率 90%以上。现有铅锌冶炼企业通过技术改造降低资源消耗，在"十一五"末达到新建企业标准。

新建再生铅企业铅的总回收率大于 97%，现有再生铅企业铅的总回收率大于 95%，冶炼弃渣中铅含量小于 2%，废水循环利用率大于 90%。

五、环境保护

防止铅冶炼二氧化硫及含铅粉尘污染以及锌冶炼热酸浸出锌渣中汞、镉、砷等有害重金属离子随意堆放造成的污染。确保二氧化硫、粉尘达标排放。严禁铅锌冶炼厂废水中重金属离子、苯和酚等有害物质超标排放。

铅锌冶炼项目的原料处理、中间物料破碎、熔炼、装卸等所有产生粉尘部位，均要配备除尘及回收处理装置进行处理，并安装经环保部门指定的环境监测仪器检测机构适用性检测合格的自动监控系统进行监测。

新建及现有再生铅锌项目，废杂铅锌的回收、处理必须采用先进的工艺和设备确保符合国家环保标准和有关地方标准的规定，严禁将蓄电池破碎的废酸液不经处理直接排入环境中。熔炼、精炼工序产生的废气必须有组织排放，送入除尘系统；熔炼工序的废弃渣，废水处理系统产生的泥渣，除尘系统净化回收的含铅烟尘（灰），防尘系统中废弃的吸附材料，燃煤炉渣等必须进行无害化处理；含铅量较高的水处理泥渣，铅烟尘（灰）必须返回熔炼炉熔炼；所有的员工都必须定期进行身体检查，并保存记录。企业必须有完善的突发环境事件的应急预案及相应的应急设施和装备；企业应配置完整的废水、废气净化设施，并安装自动监控设备。再生铅生产企业，以及从事收集、利用、处置含铅危险废物企业，均应依法取得危险废物经营许可证。

根据《中华人民共和国环境保护法》等有关法律法规，所有新、改、扩建项目必须严格执行环境影响评价制度，持证排污（尚未实行排污许可证制度的地区除外），达标排放。现有铅锌采选、冶炼企业必须依法实施强制性清洁生产审核。环保部门对现有铅锌冶炼企业执行环保标准情况进行监督检查，定期发布环保达标生产企业名单，对达不到排放标准或超过排污总量的企业决定限期治理，治理不合格的，应由地方人民政府依法决定给予停产或关闭处理。

六、安全生产与职业危害

铅锌建设项目必须符合《安全生产法》、《职业病防治法》等法律法规规定，具备相应的安全生产和职业危害防治条件，并建立、健全安全生产责任制；新、改、扩建项目安全设施和职业危害防治设施必须与主体工程同时设计、同时施工、同时投入生产和使用，铅锌冶炼制酸、制氧系统项目及安全设施设计、投入生产和使用前，要依法经过安全生产管理部门审查、验收。必须建立职业危害防治设施，配备符合国家有关标准的个人劳动防护用品，配备火灾、雷击、设备故障、机械伤害、人体坠落等事故防范设施，以及安全供电、供水装置和消除有毒有害物质设施，建立健全相关制度，必须通过地方行政主管部门组织的专项验收。

三、铅冶炼行业相关污染物排放标准

环境保护部于 2010 年 9 月 27 日发布了《铅、锌工业污染物排放标准》（GB 25466—2010），该标准于 2010 年 10 月 1 日开始实施，该标准规定了铅、锌冶炼过程中水污染物和大气污染物排放限值、监测和监控要求。

1. 水污染物排放控制要求

该标准规定自 2012 年 1 月 1 日起，现有和新建企业执行新建企业的水污染物排放限值。

表 2-1　新建企业水污染物排放浓度限值及单位产品基准排水量

序号	污染物项目	限　值		污染物排放监控位置
		直接排放	间接排放	
1	pH	6～9	6～9	企业废水总排放口
2	化学需氧量（COD$_{Cr}$）/（mg/L）	60	200	
3	悬浮物（SS）/（mg/L）	50	70	
4	氨氮（以 N 计）/（mg/L）	8	25	
5	总磷（以 P 计）/（mg/L）	1.0	2.0	
6	总氮（以 N 计）/（mg/L）	15	30	
7	总锌/（mg/L）	1.5	1.5	
8	总铜/（mg/L）	0.5	0.5	
9	硫化物/（mg/L）	1.0	1.0	
10	氟化物/（mg/L）	8	8	
11	总铅/（mg/L）	0.5		车间或生产设施废水排放口
12	总镉/（mg/L）	0.05		
13	总汞/（mg/L）	0.03		
14	总砷/（mg/L）	0.3		
15	总镍/（mg/L）	0.5		
16	总铬/（mg/L）	1.5		
单位产品基准排水量	选矿/（m³/t 原矿）	2.5		排水量计量位置与污染物排放监控位置一致
	冶炼/（m³/t 产品）	8		

根据环境保护工作的要求，在国土开发密度已经较高、环境承载能力开始减弱，或环境容量较小、生态环境脆弱，容易发生严重

环境污染等问题而需要采取特别保护措施的地区，应严格控制企业的污染物排放行为，在上述地区的企业执行水污染物特别排放限值。

执行水污染物特别排放限值的地域范围、时间，由国务院环境保护行政主管部门或省级人民政府规定。

表2-2　水污染物特别排放限值

序号	污染物项目	限　值		污染物排放监控位置
		直接排放	间接排放	
1	pH	6～9	6～9	企业废水总排放口
2	化学需氧量（COD$_{Cr}$)/(mg/L)	50	60	
3	悬浮物（SS）/ (mg/L)	10	50	
4	氨氮（以 N 计）/ (mg/L)	5	8	
5	总磷（以 P 计）/ (mg/L)	0.5	1.0	
6	总氮（以 N 计）/ (mg/L)	10	15	
7	总锌/（mg/L）	1.0	1.0	
8	总铜/（mg/L）	0.2	0.2	
9	硫化物/（mg/L）	1.0	1.0	
10	氟化物/（mg/L）	5	5	
11	总铅/（mg/L）	0.2		车间或生产设施废水排放口
12	总镉/（mg/L）	0.02		
13	总汞/（mg/L）	0.01		
14	总砷/（mg/L）	0.1		
15	总镍/（mg/L）	0.5		
16	总铬/（mg/L）	1.5		
单位产品基准排水量	选矿/（m³/t 原矿）	1.5		排水量计量位置与污染物排放监控位置一致
	冶炼/（m³/t 产品）	4		

注：（1）水污染物排放浓度限值适用于单位产品实际排水量不高于单位产品基准排水量的情况。若单位产品实际排水量超过单位产品基准排水量，须按公式（2-1）（将实测水污染物浓度换算为水污染物基准排水量排放浓度，并以水污染物基准排水量排放浓度作为判定排放是否达标的依据。产品产量和排水量统计周期为一个工作日。

　　（2）在企业的生产设施同时生产两种以上产品、可适用不同排放控制要求或不同行业国家污染物排放标准，且生产设施产生的污水混合处理排放的情况下，应执行排放标准中规定的最严格的浓度限值，并按公式（2-1）换算水污染物基准排水量排放浓度。

$$P_{基}=\frac{Q_{总}}{\sum Y_i \cdot Q_{i基}} \cdot P_{实} \qquad (2\text{-}1)$$

式中：$P_{基}$——水污染物基准排水量排放浓度，mg/L；

$Q_{总}$——排水总量，m^3；

Y_i——第 i 种产品产量，t；

$Q_{i基}$——第 i 种产品的单位产品基准排水量，m^3/t；

$P_{实}$——实测水污染物浓度，mg/L。

若 $Q_{总}$ 与 $\sum Y_i \cdot Q_{i基}$ 的比值小于 1，则以水污染物实测浓度作为判定排放是否达标的依据。

2. 大气污染物排放控制要求

该标准规定自 2012 年 1 月 1 日起，现有和新建企业执行新建企业的大气污染物排放浓度限值。

表 2-3 新建企业大气污染物排放浓度限值　　单位：mg/m^3

序号	污染物项目	适用范围	限值	污染物排放监控位置
1	颗粒物	所有	80	
2	二氧化硫	所有	400	
3	硫酸雾	制酸	20	污染物净化设施排放口
4	铅及其化合物	熔炼	8	
5	汞及其化合物	烧结、熔炼	0.05	

企业边界大气污染物任何 1 小时平均浓度执行表 2-4 规定的限值。

表 2-4 现有和新建企业边界大气污染物浓度限值　　单位：mg/m^3

序号	污染物项目	限　值
1	二氧化硫	0.5
2	总悬浮颗粒物	1.0
3	硫酸雾	0.3
4	铅及其化合物	0.006
5	汞及其化合物	0.000 3

产生大气污染物的生产工艺和装置必须设立局部或整体气体收集系统和集中净化处理装置。所有排气筒高度应不低于 15 m。排气筒周围半径 200 m 范围内有建筑物时，排气筒高度还应高出最高建筑物 3 m 以上。

铅、锌冶炼炉窑规定过量空气系数为 1.7。实测的铅、锌冶炼炉窑的污染物排放浓度，应换算为基准过量空气系数排放浓度。生产设施应采取合理的通风措施，不得故意稀释排放。在国家未规定其他生产设施单位产品基准排气量之前，暂以实测浓度作为判定是否达标的依据。

3.《铅、锌工业污染物排放标准》（GB 25466—2010）修改单

中国环境保护部会同国家质检总局 2013 年 12 月 27 日发布了《铅、锌工业污染物排放标准》（GB 25466—2010）修改单，增设了大气污染物特别排放限值。

根据国家环境保护工作的要求，在国土开发密度较高、环境承载能力开始减弱，或大气环境容量较小、生态环境脆弱，容易发生严重大气环境污染问题而需要采取特别保护措施的地区，应严格控制企业的污染物排放行为，在上述地区的企业执行表 2-5 规定的大气污染物特别排放限值。

表 2-5　《铅、锌工业污染物排放标准》（GB 25466—2010）大气污染物特别排放限值　　单位：mg/m³

序号	污染物项目	适用范围	限值	污染物排放监控位置
1	颗粒物	所有	10	车间或生产设施排气筒
2	二氧化硫	所有	100	
3	氮氧化物（以 NO_2 计）	所有	100	
4	硫酸雾	制酸	20	
5	铅及其化合物	熔炼	2	
6	汞及其化合物	烧结、熔炼	0.05	

四、铅冶炼行业相关清洁生产标准

1. 铅锌行业清洁生产评价指标体系

该指标体系用于评价有色金属工业铅、锌行业的清洁生产水平，作为创建清洁生产先进企业的主要依据，并为企业推行清洁生产提供技术指导。该指标体系目前处于试行阶段。

（1）铅冶炼企业清洁生产评价指标体系

对于铅冶炼企业，考虑到烧结-鼓风炉熔炼工艺与直接炼铅工艺的不同，本评价指标体系根据这两类企业各自的实际生产特点，对其二级指标的内容及其评价基准值、权重值的设置有一定差异，使其更具有针对性和可操作性。

烧结-鼓风炉熔炼工艺生产企业和直接熔炼工艺生产企业清洁生产评价指标体系的各评价指标、评价基准值和权重值见表2-6。

表2-6　烧结-鼓风炉熔炼工艺生产企业定量评价指标项目、权重及基准值

一级指标	权重值	二级指标	单位	权重值	评价基准值
（1）资源与能源利用指标	25	铅冶炼综合能耗	kg 标煤/t Pb	8	600
		粗铅焦耗	kg/t Pb	4	300
		电铅直流电耗	kW·h/t Pb	5	120
		新水用量	m^3/t Pb	8	10
（2）生产技术特征指标	35	铅冶炼总回收率	%	6	94
		粗铅冶炼总回收率	%	5	95
		铅电解回收率	%	4	99.2
		脱硫率	%	4	70
		床能率	t/（m^2·d）	5	25
		烧结机利用系数	t/（m^2·d）	4	8
		烟尘率	%	3	8
		烟气二氧化硫的浓度	%	4	4

一级指标	权重值	二级指标	单位	权重值	评价基准值
（3）产品特征指标	5	铅金属含量	%	5	99.994
（4）污染物排放指标	20	允许废水排放量	m³/t Pb	10	3
		排空烟尘固体物含量	mg/m³	5	150
		允许废渣排放量	t/t Pb	5	0.9
（5）综合利用指标	15	有价元素综合利用率	%	4	70
		二氧化硫利用率	%	5	90
		废水回收利用率	%	6	92

注：评价基准值的单位与其相应指标的单位相同。

表 2-7　直接熔炼生产企业定量评价指标项目、权重及基准值

一级指标	权重值	二级指标	单位	权重值	评价基准值
（1）资源与能源利用指标	25	铅冶炼综合能耗	kg 标煤/t Pb	8	480
		粗铅焦耗	kg/t Pb	4	300
		电铅直流电耗	kW·h/t Pb	5	120
		新水用量	m³/t Pb	8	8
（2）生产技术特征指标	35	铅冶炼总回收率	%	8	94
		粗铅冶炼总回收率	%	6	95
		铅电解回收率	%	5	99.2
		脱硫率	%	4	95
		烟尘率	%	3	8
		烟气二氧化硫的浓度	%	5	12
		炉渣含铅	%	4	1.5
（3）产品特征指标	5	铅金属含量	%	5	99.994
（4）污染物排放指标	20	允许废水排放量	m³/t Pb	10	1.5
		允许废渣排放量	t/t Pb	5	0.8
		排空烟尘固体物含量	mg/m³	5	150
（5）综合利用指标	15	有价元素综合利用率	%	4	70
		二氧化硫利用率	%	5	95
		废水回收利用率	%	6	92

注：评价基准值的单位与其相应指标的单位相同。

表 2-8　烧结-鼓风炉熔炼生产企业定性评价指标项目及指标分值

一级指标	指标分值	二级指标	指标分值	备注
（1）生产技术特征指标	20	采用安全高效能耗物耗低的新工艺、新技术	10	对一级指标"（1）"所属各二级指标，凡采用的按其指标分值给分，未采用的不给分
		冶炼成套机械设备具有较高的自动化水平	5	
		采用短流程工艺	5	对一级指标"（3）"所属二级指标，凡已建立环境管理体系并通过认证的给10分，只建立环境管理体系但尚未通过认证的则给5分；凡已进行清洁生产审核的给15分。对一级指标"（4）"所属各二级指标，如能按要求执行的，则按其指标分值给分
（2）产品特征指标	10	可二次回收	5	
		安全无毒性，可降解	5	
（3）环境管理体系建立及清洁生产审核	25	开展清洁生产审核	15	
		建立环境管理体系并通过认证	10	
（4）环境管理与劳动安全卫生指标	45	建立实施安全生产责任制度	8	
		建设项目环保"三同时"执行情况	5	对建设项目环保"三同时"、建设项目环境影响评价、老污染源限期治理指标未能按要求完成的则不给分；对污染物排放总量控制要求，凡水污染物和气污染物均有超总量要求的则不给分；凡仅有水污染物或气污染物超总量要求，则给5分
		建设项目环境影响评价制度执行情况	6	
		老污染源限期治理项目完成情况	8	
		污染物排放总量控制情况	10	
		现场防尘、防噪声达标情况	8	

表2-9   直接熔炼生产企业定性评价指标项目及指标分值

一级指标	指标分值	二级指标	指标分值	备注
（1）生产技术特征指标	20	采用安全高效能耗物耗低的新工艺、新技术	10	对一级指标"（1）"所属各二级指标，凡采用的按其指标分值给分，未采用的不给分 对一级指标"（3）"所属二级指标，凡已建立环境管理体系并通过认证的给10分，只建立环境管理体系但尚未通过认证的则给5分；凡已进行清洁生产审核的给15分。对一级指标"（4）"所属各二级指标，如能按要求执行的，则按其指标分值给分 对建设项目环保"三同时"、建设项目环境影响评价、老污染源限期治理指标未能按要求完成的则不给分；对污染物排放总量控制要求，凡水污染物和气污染物均有超总量要求的则不给分；凡仅有水污染物或气污染物超总量要求，则给5分
		冶炼成套机械设备具有较高的自动化水平	5	
		采用短流程工艺	5	
（2）产品特征指标	10	可二次回收	5	
		安全无毒性，可降解	5	
（3）环境管理体系建立及清洁生产审核	25	开展清洁生产审核	15	
		建立环境管理体系并通过认证	10	
（4）环境管理与劳动安全卫生指标	45	建立实施安全生产责任制度	8	
		建设项目环保"三同时"执行情况	5	
		建设项目环境影响评价制度执行情况	6	
		老污染源限期治理项目完成情况	8	
		污染物排放总量控制情况	10	
		现场防尘、防噪声达标情况	8	

（2）铅锌行业清洁生产评价指标的考核评分计算方法

1）定量评价指标的考核评分计算。企业清洁生产定量评价指标的考核评分，以企业在考核年度（一般以一个生产年度为一个考核周期，并与生产年度同步）各项二级指标实际达到的数值为基础进行计算，综合得出该企业定量评价指标的考核总分值。定量评价的二级指标从其数值情况来看，可分为两类情况：一类是该指标的数值越低（小）越符合清洁生产要求（如能耗、水耗、污染物排放量等指标）；另一类是该指标的数值越高（大）越符合清洁生产要求（如废水重复利用率、尾矿综合利用率、二氧化硫利用率、铅冶炼总回收率等指标）。因此，对二级指标的考核评分，根据其类别采用不同的计算模式。

①定量评价二级指标的单项评价指数计算。对指标数值越高（大）越符合清洁生产要求的指标，其计算公式为：

$$S_i = S_{xi}/S_{oi} \tag{2-2}$$

对指标数值越低（小）越符合清洁生产要求的指标，其计算公式为：

$$S_i = S_{oi}/S_{xi} \tag{2-3}$$

式中：S_i——第 i 项评价指标的单项评价指数。如采用手工计算时，其值取小数点后两位；

S_{xi}——第 i 项评价指标的实际值（考核年度实际达到值）；

S_{oi}——第 i 项评价指标的评价基准值。

本评价指标体系各二级指标的单项评价指数的正常值一般在 1.0 左右，但当其实际数值远小于（或远大于）评价基准值时，计算得出的 S_i 值就会较大，计算结果就会偏离实际，对其他评价指标的单项评价指数产生较大干扰。为了消除这种不合理影响，应对此进行修正处理。修正的方法是：当 $S_i \geq 1.2$ 时，取该 S_i 值为 1.2。

②定量评价考核总分值计算。定量评价考核总分值的计算公式为：

$$P_1 = \sum_{i=1}^{n} S_i \cdot K_i \tag{2-4}$$

式中：P_1——定量评价考核总分值；

n——参与定量评价考核的二级指标项目总数；

S_i——第 i 项评价指标的单项评价指数；

K_i——第 i 项评价指标的权重值。

若某项一级指标中实际参与定量评价考核的二级指标项目数少于该一级指标所含全部二级指标项目数（由于该企业没有与某二级指标相关的生产设施所造成的缺项）时，在计算中应将这类一级指标所属各二级指标的权重值均予以相应修正，修正后各相应二级指标的权重值以 K_i' 表示：

$$K_i'=K_i \cdot A_i \qquad (2\text{-}5)$$

式中：A_i——第 i 项一级指标中各二级指标权重值的修正系数，$A_i=A_1/A_2$。A_1 为第 i 项一级指标的权重值；A_2 为实际参与考核的属于该一级指标的各二级指标权重值之和。

如由于企业未统计该项指标值而造成缺项，则该项考核分值为零。

2）定性评价指标的考核评分计算。定性评价指标的考核总分值的计算公式为：

$$P_2=\sum_{i=1}^{n''} F_i \qquad (2\text{-}6)$$

式中：P_2——定性评价二级指标考核总分值；

F_i——定性评价指标体系中第 i 项二级指标的得分值；

n''——参与考核的定性评价二级指标的项目总数。

3）综合评价指数的考核评分计算。为了综合考核铅锌行业清洁生产的总体水平，在对该企业进行定量和定性评价考核评分的基础上，将这两类指标的考核得分按不同权重（以定量评价指标为主，以定性评价指标为辅）予以综合，得出该企业的清洁生产综合评价指数和相对综合评价指数。

①综合评价指数（P）。综合评价指数是描述和评价被考核企业在考核年度内清洁生产总体水平的一项综合指标。国内大中型铅锌行业之间清洁生产综合评价指数之差可以反映企业之间清洁生产水平的总体差距。铅锌采选冶行业的综合评价指数的计算公式为：

$$P=0.7P_1+0.3P_2 \qquad (2\text{-}7)$$

式中：P——企业清洁生产的综合评价指数，其值一般在 100 左右；

P_1、P_2——分别为定量评价指标中各二级指标考核总分值和定性评价指标中各二级指标考核总分值。

②相对综合评价指数（P'）。相对综合评价指数是企业考核年度的综合评价指数与企业所选对比年度的综合评价指数的比值。它反映企业清洁生产的阶段性改进程度。相对综合评价指数的计算公式为：

$$P' = P_b / P_a \qquad (2\text{-}8)$$

式中：P'——企业清洁生产相对综合评价指数；

P_a、P_b——分别为企业所选定的对比年度的综合评价指数和企业考核年度的综合评价指数。

4）铅锌行业清洁生产企业的评定。对铅锌行业清洁生产水平的评价，是以其清洁生产综合评价指数为依据的，对达到一定综合评价指数的企业，分别评定为清洁生产先进企业或清洁生产企业。

根据目前我国铅锌行业的实际情况，不同等级的清洁生产企业的综合评价指数列于表 2-10。

表 2-10　铅锌行业不同等级清洁生产企业综合评价指数

清洁生产企业等级	清洁生产综合评价指数		
	铅锌矿采矿企业	铅锌矿选矿企业	铅锌冶炼企业
清洁生产先进企业	$P \geq 90$	$P \geq 90$	$P \geq 90$
清洁生产企业	$85 \leq P < 90$	$80 \leq P < 90$	$85 \leq P < 90$

按照现行环境保护政策法规以及产业政策要求，凡参评企业被地方环保主管部门认定为主要污染物排放未"达标"（指总量未达到控制指标或主要污染物排放超标），生产淘汰类产品或仍继续采用要求淘汰的设备、工艺进行生产的，则该企业不能被评定为"清洁生产先进企业"或"清洁生产企业"。

2.《清洁生产标准　粗铅冶炼业》

环境保护部于 2009 年 11 月发布了《清洁生产标准　粗铅冶炼业》（HJ 512—2009），该标准于 2010 年 2 月 1 日起实施。该标准根据当前行业技术、装备水平和管理水平，将粗铅冶炼企业清洁生产分为三级，一级代表国际清洁生产先进水平，二级代表国内清洁生产先进水平，三级代表国内清洁生产基本水平。该标准适用于铅冶炼生产企业的清洁生产审核、清洁生产潜力与机会的判断，以及清洁生产绩效评定和清洁生产绩效公告制度，也适用于环境影响评价、排污许可证等环境管理制度。可为我国铅冶炼工业企业开展清洁生产提供技术支持和导向。

表 2-11　粗铅冶炼业清洁生产技术指标要求

清洁生产指标等级	一级	二级	三级
一、生产工艺与装备要求			
1.生产工艺			
1.1 冶炼工艺	基夫塞特炉、氧气底吹炼铅法（QSL）、卡尔多炉等直接炼铅工艺	水口山（SKS）炼铅法+鼓风炉、富氧顶吹炉+鼓风炉等炼铅工艺	鼓风烧结机烧结—鼓风炉还原熔炼工艺、密闭鼓风炉熔炼（ISP）工艺等炼铅工艺
1.2 制酸工艺	二转二吸制酸、低浓度二氧化硫制酸工艺		单次接触、二转二吸或其他制酸工艺
2.装备			
2.1 规模	单系列>5 万 t/a		
2.2 自动控制系统	计算机控制进料和冶炼过程，具有炉内温度、压力、振动、气体成分、废气流量或速率等的在线监测与报警装置，自动化水平高	计算机控制进料和冶炼过程，具有炉温、压力等关键参数的在线监测，自动化水平较高	
2.3 废气的收集与处理	炉体密闭化，具有防止废气逸出措施。在易产生废气无组织排放的位置设有废气收集与净化装置		
2.4 粉状物料储运	采用封闭式仓储，贮存仓库配通风设施；采用封闭式输送		
2.5 余热利用装置	具有余热锅炉等余热回收装置		

清洁生产指标等级		一级	二级	三级
二、资源能源利用指标				
1. 铅总回收率/%		≥97		>96
2. 金入粗铅率/%		≥96		
3. 银入粗铅率/%		≥95		
4. 总硫利用率/%		≥96	≥95	>94
5. 二氧化硫转化率/%	二转二吸	≥99.8	≥99.6	≥99
	低浓度二氧化硫制酸	≥99.5	≥99	
6. 单位产品新鲜水用量/（t/t）		≤10	≤15	≤25
7. 单位产品综合能耗（折合标准煤计算）/（kg/t）		≤450		
三、产品指标				
1. 硫酸中汞含量/%		0.001	0.01	—
2. 硫酸中砷含量/%		0.000 1	0.005	—
四、污染物产生指标（末端处理前）				
1. 单位产品废水产生量/（t/t）		≤4	≤8	≤12
2. 单位产品二氧化硫产生量/（kg/t）	制酸尾气	≤2	≤4	≤8
	其他	≤2	≤4	≤8
3. 单位产品颗粒物产生量/（kg/t）		≤1.5	≤3.0	≤5.0

清洁生产指标等级	一级	二级	三级
五、废物回收利用指标			
1. 工业用水重复利用率/%	≥98	≥95	≥90
2. 固体废物综合利用率/%	≥90	≥80	≥60
六、环境管理要求			
1. 环境法律法规标准	符合国家和地方有关环境法律、法规，污染物排放达到国家和地方排放标准、总量控制和排污许可证管理要求		
2. 组织机构	有完善的环境管理机构和专业环境管理人员	有专门的环境管理机构和专业环境管理人员	有基本的环境管理机构和专职环境管理人员
3. 环境审核	按照《清洁生产审核暂行办法》完成了清洁生产审核，有完善的清洁生产管理机构，并持续开展清洁生产；按照 GB/T 24001 建立并有效运行环境管理体系，环境管理手册、程序文件及作业文件齐备	按照《清洁生产审核暂行办法》进行了审核；环境管理制度健全，原始记录及统计数据齐全、有效	
4. 固体废物管理	对一般废物进行妥善处理，对铅尘、废甘汞、鼓风炉黄渣、酸泥、污水处理渣等危险废物按照有关要求进行无害化处置。制定并向所在地县级以上地方人民政府环境行政主管部门备案危险废物管理计划（包括减少危险废物产生量和危害性的措施以及危险废物贮存、利用、处置措施），向所在地县级以上地方人民政府环境保护行政主管部门申报危险废物产生种类、产生量、流向、贮存、处置等有关资料。针对危险废物的产生、收集、贮存、运输、利用、处置，制定意外事故的防范措施和应急预案，并向所在地县以上地方人民政府环境保护行政主管部门备案		

清洁生产指标等级	一级	二级	三级
5. 生产过程环境管理	对于所有原辅材料均有质检制度和消耗定额管理制度	对于主要原辅材料有质检制度和消耗定额管理制度	
	所有生产工序有操作规程，主要岗位有作业指导书	主要生产工序有操作规程，重点岗位有作业指导书	
	对各工序能耗及水耗有考核，生产工序能分级考核	对主要工序能耗及水耗有考核，生产工序能分级考核	生产工序能分级考核
	环保设施正常运行，无跑、冒、滴、漏现象，易造成污染的设备和废物产生部位要有警示牌，生产环境整洁		
	原料处理、中间物料破碎、烧结、熔炼、装卸等所有产生粉尘部位，均要配备集气、除尘及回收处理等污染控制措施		
	对于炉窑喂料口、出渣口、烧结机头、机尾等易产生二氧化硫无组织排放的位置，应配备集气与处理装置		
	主要污染源安装有经国家相关部门检测合格的自动监控系统	重点污染源安装有经国家相关部门检测合格的自动监控系统	
	开停工及停工检修时的环境管理程序		
	新、改、扩建项目管理及验收程序		
	具备环境监测管理制度，记录运行数据并建立环保档案；制定了企业环境风险预案		
	建立重大风险事故定期应急演习制度	建立重大风险事故应急预警制度	
6. 相关方环境管理	服务协议中明确原辅料的包装、运输、装卸等过程中的安全及环保要求		

3.《清洁生产标准　铅电解业》

环境保护部于 2009 年 11 月发布了《清洁生产标准 铅电解业》（HJ 513—2009），该标准于 2010 年 2 月 1 日起实施。该标准根据当前行业技术、装备水平和管理水平，将铅电解业企业清洁生产分为三级，一级代表国际清洁生产先进水平，二级代表国内清洁生产先进水平，三级代表国内清洁生产基本水平。该标准适用于铅冶炼生产企业的清洁生产审核、清洁生产潜力与机会的判断，以及清洁生产绩效评定和清洁生产绩效公告制度，也适用于环境影响评价、排污许可证等环境管理制度。可为我国铅冶炼工业企业开展清洁生产提供技术支持和导向。

表 2-12　铅电解业清洁生产技术指标要求

清洁生产指标等级		一级	二级	三级
一、生产工艺与装备要求				
1.工艺		采用大极板工艺（单块阳极板≥300 kg）		单块阳极板≥90 kg
2.装备	2.1 火法精炼	冶炼产粗铅不需铸锭，直接液态入锅，熔铅锅锅面固定	冶炼产粗铅铸锭后冷态入锅工艺	
	2.2 熔铅锅/t	≥100	≥75	≥60
	2.3 机械化与自动化水平	全过程自动化水平高。熔铅锅面固定，自动加药，残极连续机械加入，连续机械捞取铜浮渣；阴、阳极自动铸造，阴阳极自动排距并同时放入电解槽；电铅锅机械耙渣；生产过程产生的废气具备有效的收集与处理措施	自动化水平较高。阴、阳极自动铸造，阴、阳极自动排距；电铅锅机械耙渣；生产过程产生的废气具备有效的收集与处理措施	自动化水平一般。阴、阳极自动铸造、自动排距；生产过程产生的废气具有效的收集与处理措施

清洁生产指标等级	一级	二级	三级
二、资源能源利用指标			
1.铅回收率/%	≥99		>98
2.单位产品直流电耗/（kW·h/t）	≤120		
3.残极率/%	≤38	≤40	≤45
4.单位产品硅氟酸耗/（kg/t）	≤2.5	≤3.5	≤4.0
三、产品指标			
电铅质量要求	符合GB/T 469中一号铅锭的质量要求		符合GB/T 469中相应牌号铅锭的质量要求
四、污染物产生指标（末端处理前）			
单位产品铅尘产生量（以Pb计）/（kg/t）	≤8	≤12	≤20
五、环境管理要求			
1.环境法律法规标准	符合国家和地方有关环境法律、法规，污染物排放达到国家和地方排放标准、总量控制和排污许可证管理要求		
2.组织机构	有完善的环境管理机构和专业环境管理人员	有专门的环境管理机构和专业环境管理人员	有基本的环境管理机构和专职环境管理人员
3.环境审核	按照《清洁生产审核暂行办法》完成了清洁生产审核，有完善的清洁生产管理机构，并持续开展清洁生产；按照GB/T 24001建立并有效运行环境管理体系，环境管理手册、程序文件及作业文件齐备	按照《清洁生产审核暂行办法》进行了审核；环境管理制度健全，原始记录及统计数据齐全、有效	

清洁生产指标等级	一级	二级	三级
4.固体废物管理	对一般废物进行妥善处理,对铅浮渣、阳极泥、氧化铅渣及碱渣等危险废物按照有关要求进行无害化处置。制定并向所在地县级以上地方人民政府环境保护行政主管部门备案危险废物管理计划(包括减少危险废物产生量和危害性的措施以及危险废物贮存、利用、处置措施),向所在地县级以上地方人民政府环境保护行政主管部门申报危险废物产生种类、产生量、流向、贮存、处置等有关资料。针对危险废物的产生、收集、贮存、运输、利用、处置,制定意外事故的防范措施和应急预案,并向所在地县以上地方人民政府环境保护行政主管部门备案		
5.生产过程环境管理	对于所有原辅材料均有质检制度和消耗定额管理制度	对于主要原辅材料有质检制度和消耗定额管理制度	
	所有生产工序有操作规程,主要岗位有作业指导书	主要生产工序有操作规程,重点岗位有作业指导书	
	对各工序能耗及水耗有考核,生产工序能分级考核	对主要工序能耗及水耗有考核,生产工序能分级考核	生产工序能分级考核
	环保设施正常运行,无跑、冒、滴、漏现象,易造成污染的设备和废物产生部位要有警示牌,生产环境整洁		
	熔铅锅、电铅锅等产生粉尘部位,均要配备控制与处理装置		
	开停工及停工检修时的环境管理程序		
	新、改、扩建项目管理及验收程序		
	具备环境监测管理制度,记录运行数据并建立环保档案;制定了企业环境风险预案		
	建立重大风险事故定期应急演习制度	建立重大风险事故应急预警制度	
6.相关方环境管理	服务协议中明确原辅料的包装、运输、装卸等过程中的安全及环保要求		

五、铅冶炼行业其他相关的规范

1.《铅锌冶炼工业污染防治技术政策》

《铅锌冶炼工业污染防治技术政策》由环境保护部于 2012 年发布，全文摘录如下：

一、总则

（一）为贯彻《中华人民共和国环境保护法》等法律法规，防治环境污染，保障生态安全和人体健康，促进铅锌冶炼工业生产工艺和污染治理技术的进步，制定本技术政策。

（二）本技术政策为指导性文件，供各有关单位在建设项目和现有企业的管理、设计、建设、生产、科研等工作中参照采用；本技术政策适用于铅锌冶炼工业，包括以铅锌原生矿为原料的冶炼业和以废旧金属为原料的铅锌再生业。

（三）铅锌冶炼业应加大产业结构调整和产品优化升级的力度，合理规划产业布局，进一步提高产业集中度和规模化水平，加快淘汰低水平落后产能，实行产能等量或减量置换。

（四）在水源保护区、基本农田区、蔬菜基地、自然保护区、重要生态功能区、重要养殖基地、城镇人口密集区等环境敏感区及其防护区内，要严格限制新（改、扩）建铅锌冶炼和再生项目；区域内存在现有企业的，应适时调整规划，促使其治理、转产或迁出。

（五）铅锌冶炼业新建、扩建项目应优先采用一级标准或更先进的清洁生产工艺，改建项目的生产工艺不宜低于二级清洁生产标准。企业排放污染物应稳定达标，重点区域内企业排放的废气和废水中铅、砷、镉等重金属量应明显减少，到 2015 年，固体废物综合利用（或无害化处置）率要达到 100%。

（六）铅锌冶炼业重金属污染防治工作，要坚持"减量化、资源化、无害化"的原则，实行以清洁生产为核心、以重金属污染物减排为重点、以可行有效的污染防治技术为支撑、以风险防范为保障的综合防治技术路线。

（七）鼓励企业按照循环经济和生态工业的要求，采取铅锌联合冶炼、配套综合回收、产品关联延伸等措施，提高资源利用率，减少废物的产生量。

（八）废铅酸蓄电池的拆解，应按照《废电池污染防治技术政策》的要求进行。

（九）要采取有效措施，切实防范铅锌冶炼业企业生产过程中的环境和健康风险。对新（改、扩）建企业和现有企业，应根据企业所在地的自然条件和环境敏感区域的方位，科学地设置防护距离。

二、清洁生产

（一）为防范环境风险，对每一批矿物原料均应进行全成分分析，严格控制原料中汞、砷、镉、铊、铍等有害元素含量。无汞回收装置的冶炼厂，不应使用汞含量高于 0.01% 的原料。含汞的废渣作为铅锌冶炼配料使用时，应先回收汞，再进行铅锌冶炼。

（二）在矿物原料的运输、储存和备料等过程中，应采取密闭等措施，防止物料扬撒。原料、中间产品和成品不宜露天堆放。

（三）鼓励采用符合一、二级清洁生产标准的铅短流程富氧熔炼工艺，要在 3～5 年内淘汰不符合清洁生产标准的铅锌冶炼工艺、设备。

（四）应提高铅锌冶炼各工序中铅、汞、砷、镉、铊、铍和硫等元素的回收率，最大限度地减少排放量。

（五）铅产品及含铅组件上应有成分和再利用标志；废铅产品及含铅、锌、砷、汞、镉、铊等有害元素的物料，应就地回收，按固体废物管理的有关规定进行鉴别、处理。

（六）应采用湿法工艺，对铅、锌电解产生的阳极泥进行处理，回收金、银、锑、铋、铅、铜等金属，残渣应按固体废物管理要求妥善处理。

（七）采用废旧金属进行再生铅锌冶炼，应控制原料中的氯元素含量，烟气应采用急冷、活性炭吸附、布袋除尘等净化技术，严格控制二噁英的产生和排放。

三、大气污染防治

（一）铅锌冶炼的烟气应采取负压工况收集、处理。对无法完全密闭的排放点，采用集气装置严格控制废气无组织排放。根据气象条件，采用重点区域洒水等措施，防止扬尘污染。

（二）鼓励采用微孔膜复合滤料等新型织物材料的布袋除尘器及其他高效除尘器，处理含铅、锌等重金属颗粒物的烟气。

（三）冶炼烟气中的二氧化硫应进行回收，生产硫酸或其他产品。鼓励采用绝热蒸发稀酸净化、双接触法等制酸技术。制酸尾气应采取除酸雾等净化措施后，达标排放。

（四）鼓励采用氯化法、碘化法等先进、高效的汞回收及烟气脱汞技术处理含汞烟气。

（五）铅电解及湿法炼锌时，电解槽酸雾应收集净化处理；锌浸出槽和净化槽均应配套废气收集、气液分离或除雾装置。

（六）对散发危害人体健康气体的工序，应采取抑制、有组织收集与净化等措施，改善作业区和厂区的环境空气质量。

四、固体废物处置与综合利用

（一）应按照法律法规的规定，开展固体废物管理和危险废物鉴别工作。不可再利用的铅锌冶炼废渣经鉴定为危险废物的，应稳定化处理后进行安全填埋处置。渣场应采取防渗和清污分流措施，设立防渗污水收集池，防止渗滤液污染土壤、地表水和地下水。

（二）鼓励以无害的熔炼水淬渣为原料，生产建材原料、制品、路基材料等，以减少占地、提高废旧资源综合利用率。

（三）铅冶炼过程中产生的炉渣、黄渣、氧化铅渣、铅再生渣等宜采用富氧熔炼或选矿方法回收铅、锌、铜、锑等金属。

（四）湿法炼锌浸出渣，宜采用富氧熔炼及烟化炉等工艺先回收锌、铅、铜等金属后再利用，或通过直接炼铅工艺搭配处理。热酸浸出渣宜送铅冶炼系统或委托有资质的单位回收铅、银等有价金属后再利用。

（五）冶炼烟气中收集的烟（粉）尘，除了含汞、砷、镉的外，应密闭返回冶炼配料系统，或直接采用湿法提取有价金属。

（六）烟气稀酸洗涤产生的含铅、砷等重金属的酸泥，应回收有价金属，含汞污泥应及时回收汞。生产区下水道污泥、收集池沉渣以及废水处理污泥等不可回收的废物，应密闭储存，在稳定化和固化后，安全填埋处置。

五、水污染防治

（一）铅锌冶炼和再生过程排放的废水应循环利用，水循环率应达到90%以上，鼓励生产废水全部循环利用。

（二）含铅、汞、镉、砷、镍、铬等重金属的生产废水，应按照国家排放标准的规定，在其产生的车间或生产设施进行分质处理或回用，不得将含不同类的重金属成分或浓度差别大的废水混合稀释。

（三）生产区初期雨水、地面冲洗水、渣场渗滤液和生活污水应收集处理，循环利用或达标排放。

（四）含重金属的生产废水，可按照其水质及处理要求，分别采用化学沉淀法、生物（剂）法、吸附法、电化学法和膜分离法等单一或组合工艺进行处理。

（五）对储存和使用有毒物质的车间和存在泄漏风险的装置，应设置防渗的事故废水收集池；初期雨水的收集池应采取防渗措施。

六、鼓励研发的新技术

鼓励研究、开发、推广以下技术：

（一）环境友好的铅富氧闪速熔炼和短流程连续熔炼新工艺，液态高铅渣直接还原等技术；锌直接浸出和大极板、长周期电解产业化技术；铅锌再生、综合回收的新工艺和设备。

（二）烟气高效收集装置，深度脱除烟气中铅、汞、铊等重金属的技术与设备，小粒径重金属烟尘高效去除技术与装置。

（三）湿法烟气制酸技术，低浓度二氧化硫烟气制酸和脱硫回收的新技术；制酸尾气除雾、洗涤污酸净化循环利用等技术和装备。

（四）从固体废物中回收铅、锌、镉、汞、砷、硒等有价成分的技术，利用固体废物制备高附加值产品技术，湿法炼锌中铁渣减排及铁资源利用、锌浸出渣熔炼技术与装备。

（五）高效去除含铅、锌、镉、汞、砷等废水的深度处理技术，膜、生物及电解等高效分离、回用的成套技术和装置等。

（六）具有自主知识产权的铅锌冶炼与污染物处理工艺及污染物排放全过程检测的自动控制技术、新型仪器与装置；

（七）重金属污染水体与土壤的环境修复技术，重点是铅锌冶炼厂废水排放口、渣场下游水体和土壤的修复。

七、污染防治管理与监督

（一）应按照有关法律法规及国家和地方排放标准的规定，对企业排污情况进行监督和监测，设置在线监测装置并与环保部门的监控系统联网；定期对企业周围空气、水、土壤的环境质量状况进行监测，了解企业生产对环境和健康的影响程度。

（二）企业应增强社会责任意识，加强环境风险管理，制定环境风险管理制度和重金属污染事件应急预案并定期演练。

（三）企业应保证铅锌冶炼的污染治理设施与生产设施同时配套建设并正常运行。发生紧急事故或故障造成重金属污染治理设施停运时，应按应急预案立即采取补救措施。

（四）应按照有关规定，开展清洁生产工作，提高污染防治技术水平，确保环境安全。

（五）企业搬迁或关闭后，拟对场地进行再次开发利用时，应根据用途进行风险评价，并按规定采取相关措施。

2.《铅冶炼污染防治最佳可行技术指南》

该指南由环境保护部于 2012 年发布，可作为铅冶炼项目环境影响评价、工程设计、工程验收以及运营管理等环节的技术依据，是供各级环境保护部门、规划和设计单位以及用户使用的指导性技术文件。

铅冶炼工艺污染防治最佳可行技术组合见图 2-1。

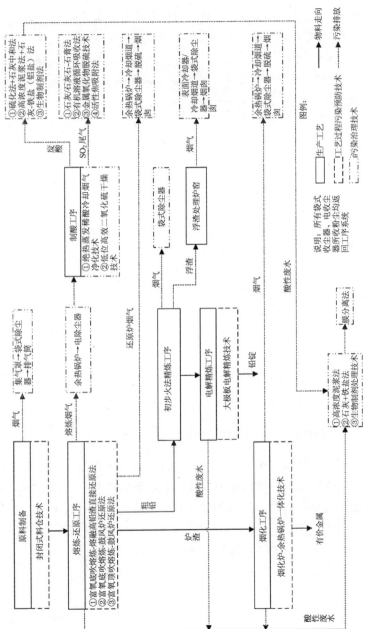

图 2-1　铅冶炼工艺污染防治最佳可行技术组合

第三章 生产工艺及污染治理情况

当前，我国铅冶炼传统工艺仍占相当大的比重，除部分较大规模企业采用烧结机外，其余多采用烧结锅或烧结盘，虽然国家已经明令淘汰污染大的烧结设备，但在边远地区仍大量存在。近年来投产或即将建设的铅冶炼厂多采用我国自主研发的富氧底吹—鼓风炉还原熔炼工艺或富氧底吹—液态高铅渣还原工艺。

我国自主开发的氧气底吹—鼓风炉还原炼铅的 SKS 工艺近年来在国内得到了迅速发展，河南豫光金铅、安徽池州、水口山、祥云飞龙、河南灵宝灵冶股份公司已经建成投产，至 2012 年，建成投产或正在建设的富氧熔炼铅冶炼生产线已超过 30 条，产能超过 200 万 t。

除以上技术外，国外新的炼铅技术也在我国得到应用，如云南驰宏锌锗引进的 ISA 炼铅、株洲冶炼厂引进的基夫塞特法炼铅工艺等。

铅冶炼技术与国外相比，规模小、装备水平低、劳动生产率低、综合利用水平差。今后的发展方向是加大集中度，扩大企业规模，提高装备水平，最好建成铅锌联合企业，发挥铅锌冶炼互补优势，走循环经济道路，提高资源综合利用水平。

铅冶炼生产工艺及其主要产污环节如图 3-1 所示。

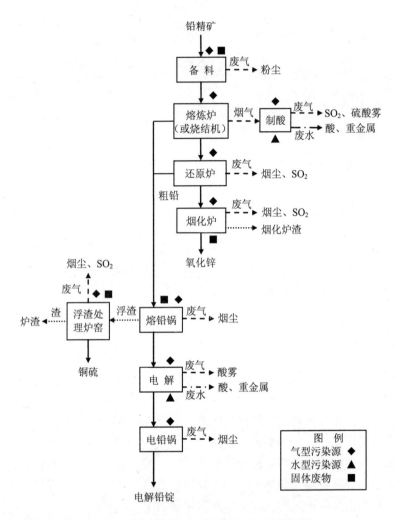

注：还原炉包括：鼓风炉、密闭鼓风炉、侧吹还原炉、底吹还原炉等。

图 3-1　铅冶炼生产工艺及主要产污环节

一、粗铅冶炼主要工艺

铅的冶炼方法几乎全是火法，炼铅工艺类型一般来说主要指熔炼工艺类型。传统的熔炼方法为烧结—鼓风炉熔炼流程，20 世纪 80 年代以来开始工业应用的直接炼铅法主要有富氧熔池熔炼法和富氧闪速电热熔炼法。

1. 烧结—鼓风炉法

烧结—鼓风炉炼铅是传统炼铅工艺。此法即硫化铅精矿经烧结焙烧后得到烧结块，然后在鼓风炉中进行还原熔炼产出粗铅。

（1）烧结熔炼

采用烧结焙烧过程处理硫化铅精矿、铅锌混合精矿和铅锡精矿，目的是氧化焙烧脱硫并使细小的精矿烧结成块，产出烧结块，供下一步还原熔炼处理，烧结焙烧的设备主要有烧结机、烧结锅和烧结盘。

烧结炉料除了铅精矿外还要加入石英砂、石灰石、铁矿石、水淬渣、返粉以及其他的一些物料，例如，锌浸出渣、烟尘、焦粉等。各个工厂的物料种类以及配比不一样，但共同特点是要加入一定数量的熔剂（石英石、石灰石和铁矿石），以适应鼓风炉熔炼的造渣要求。一般鼓风炉熔炼是处理自熔烧结块，所以在铅烧结炉料中是完全配好熔剂的。

烧结块炉料组成的另一共同特点是加入一定数量返粉（为烧结碎料或破碎的烧结块），返粉的配入量是根据炉料的含硫量来确定，最终混合料含硫波动在 5%～7%。为了防止炉料过早熔结，混合料含铅波动一般在 40%～45%。

（2）鼓风炉还原

硫化铅精矿采用烧结机脱硫烧结后，烧结块送鼓风炉进行还原熔炼。加入鼓风炉的原料主要是烧结块和燃料。烧结块含铅 40%～50%，含硫小于 2%。加入鼓风炉的燃料通常为焦炭，数量为其他炉料的 9%～14%。焦炭不仅是燃料也是还原剂。

烧结鼓风炉法工艺流程如图 3-2 所示。

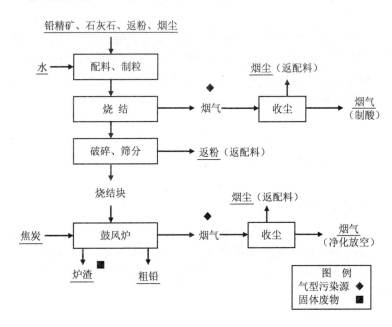

图 3-2   烧结焙烧—鼓风炉还原熔炼工艺流程图

该工艺简单、生产稳定、对原料适应性强，经济效果尚好；但该工艺返料循环量大、劳动条件差，烧结机烟气含二氧化硫浓度低、烟气二氧化硫浓度一般为 3%～4%，无法采用"二转二吸"工艺制酸，因此硫利用率低，烟气污染严重。另外，烧结过程中发生的热量不能得到充分利用，在热料多段破碎、筛分时工艺流程长，物料量大，扬尘点分散，造成劳动作业条件恶劣。本法有被硫化铅精矿直接熔炼法完全取代的趋势。

2007 年以来部分企业对烧结机烟气采用低浓度制酸技术制酸（WAS 法和非稳态制酸法）（目前仅株洲冶炼厂还保留 WAS 法制酸工艺，该生产线在基夫赛特投产后也将关停），回收其中的二氧化硫，对于非稳态制酸工艺，制酸尾气需经吸收处理方可达标排放。该工艺能耗较直接炼铅工艺高,在《产业结构调整指导目录 2011 年本(修正)》中将烧结—鼓风炉炼铅工艺列入淘汰类工艺。

烧结—鼓风炉熔炼过程中的废气污染源为原料制备过程中产生的含粉尘的废气、烧结炉窑烟气、鼓风炉烟气以及环保集烟烟气,主要污染物为颗粒物、重金属、二氧化硫、氮氧化物;废水主要为设备冷却水、地面清洗废水、污酸、初期雨水等;固废有水淬渣、污水处理渣和系统收集的粉尘。

2. 氧气底吹熔炼—鼓风炉还原炼铅工艺

氧气底吹熔炼-鼓风炉还原炼铅工艺即水口山炼铅法(SKS),是我国具有自主知识产权的先进工艺。目前已建成和在建项目产能(包括富氧底吹-液态高铅渣直接还原工艺)已超过我国原生铅总产能的 60%。

炉料在底吹炉内氧化熔炼,产品为粗铅及含铅较高炉渣(高铅渣),将高铅渣铸成块,加入鼓风炉内进行还原熔炼产出粗铅,由于硫化矿的氧化脱硫是在一个密闭的卧式筒型炉内进行的,所以确保了作业环境条件良好,从而解决了铅冶炼过程中严重污染环境的问题。工艺流程如图 3-3 所示。

氧气底吹熔炼过程是纯氧熔炼,因此底吹熔炼烟气二氧化硫浓度较高,可采用"二转二吸"制酸工艺回收硫,吸收后的尾气含二氧化硫、硫酸雾浓度均低于国家允许排放标准。厂区二氧化硫的低空污染也得到了较好的解决。

由于取消烧结过程,从而大大降低返粉量,生产过程中产出的铅烟尘均密封输送并返回配料,有效防止了铅尘的弥散污染;由于底吹炉采用纯氧熔炼,实现了完全自热,入炉原料中不需要配煤补热;工艺还回收了底吹炉烟气中的余热,每生产 1 t 粗铅,同时产出 0.5~0.8 t 蒸汽(4MPa);SKS 法炼铅工艺的粗铅产品综合能耗小于 430 kg 标准煤/t 铅,远低于烧结—鼓风炉炼铅工艺综合能耗(550 kg 标准煤/t 铅)。

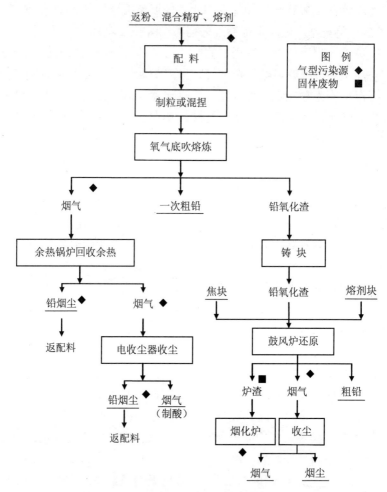

图 3-3　氧气底吹熔炼—鼓风炉还原炼铅工艺流程图

　　氧气底吹熔炼—鼓风炉还原炼铅工艺过程中的废气污染源为原料制备过程中（配料、制粒或混捏）产生的含粉尘的废气、氧气底吹熔炼窑烟气以及环保集烟烟气、鼓风炉还原烟气，主要污染物为烟尘、重金属、二氧化硫、氮氧化物；废水主要为设备冷却水、地面清洗废水、污酸、初期雨水等；固废有水淬渣、污水处理渣、脱硫渣和系统收集的粉尘。

3. 富氧顶吹熔炼—鼓风炉还原炼铅工艺

富氧顶吹熔炼工艺根据熔炼炉型不同分为艾萨炉和奥斯麦特炉。

（1）艾萨炉

富氧顶吹熔炼—鼓风炉还原炼铅工艺（I—Y 铅冶炼方法）利用艾萨炉氧化熔炼和鼓风炉还原熔炼的优势，同时考虑湿法炼锌浸出渣的处理问题，增加了烟化炉系统。具体工艺流程见图 3-4。

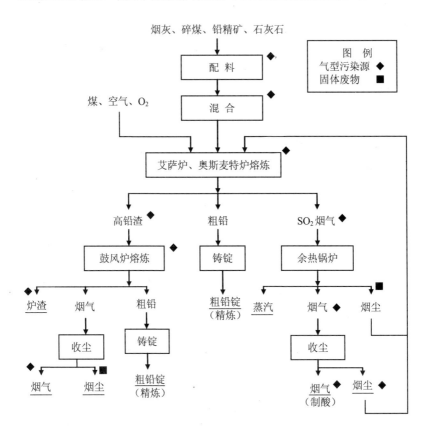

图 3-4　富氧顶吹熔炼—鼓风炉还原炼铅工艺流程图

硫化铅精矿采用 ISA 炉富氧顶吹氧化熔炼，在熔池内熔体—炉料—富氧空气之间强烈地搅拌和混合，大大强化热量传递、质量传递和化学反应速度，物料入炉始就开始反应，相应的延长反应时间，因此反应过程更充分；还原熔炼基于鼓风炉熔炼，增加热风技术、富氧供风技术和粉煤喷吹技术，形成独特的 YMG 炉还原技术，处理能力大幅度提高，降低了焦炭消耗和渣含铅率。

富氧顶吹熔炼—鼓风炉还原炼铅工艺（I—Y 铅冶炼方法），环保效果好，ISA 炉的密封性比较好，冶炼过程中烟气泄漏点少，作业环境好；同时产生的烟气二氧化硫浓度高，完全满足"二转二吸"制酸工艺要求，硫回收利用率高；目前云南驰宏公司规模为粗铅8 万 t/a 的曲靖铅冶炼工厂已投入生产运行，效果良好，该公司新建会泽铅冶炼厂将采用从 I—Y 铅冶炼法发展的"ISA 炉熔炼—高铅渣直接还原"新工艺。

（2）奥斯麦特炉

奥斯麦特熔炼技术是 20 世纪 80 年代，澳大利亚熔炼公司在顶吹浸没熔炼技术的基础上发明的，并在顶插浸没套筒喷枪技术和熔池上空设炉气后燃烧装置等方面有了新的发展。近年来奥斯麦特熔炼技术在锡精矿熔炼、铜的熔炼和吹炼、铅精矿熔炼以及从各种含铅锌的烟尘、炉渣、浸出渣和废蓄电池等二次物料中回收铅锌及其他有色等冶炼行业得到了广泛的应用。

奥斯麦特炉熔炼的主要原理是通过垂直插入渣层的喷枪向熔池中直接吹入空气或富氧空气、燃料、粉状物料和熔剂或还原性气体，强烈搅拌熔池，使炉料发生强烈的熔化、硫化、氧化、还原、造渣等过程。这些都是连续的熔炼过程，燃料和粉料通过喷枪喷入熔池，块料、湿料可通过螺旋给料机从炉顶另开的专用孔中投入。可连续进料、连续排渣，以保持熔池中体积恒定。在排放过程中，也可以中断进料，使炉内留一层熔体用于下次给料循环。

奥斯麦特熔炼炉是顶吹浸没熔炼的主体设备，主要由炉体、喷枪、喷枪夹持架及升降装置、后燃烧器、排烟口、加料装置及产品放出口等组成。喷枪是奥斯麦特炉的核心技术，他是非自耗的。奥斯麦特炉既可采用连续运转、也可间断运转。如果采用连续操作，熔炼过程产出粗铅和高铅渣（初渣），初渣经水淬后堆存，或出售、或集中起来利用本设备单独还原贫化，产出二次粗铅等。如果间断操作，即氧化熔炼、炉渣还原分阶段进行，产出粗铅和弃渣，也产铅锌烟尘，不过间断操作产出的含硫以及含尘烟气不连续，烟气成分波动较大，不利于烟气处理和制酸。工艺流程见图3-4。

目前国内呼伦贝尔引进了一套奥斯麦特炉炼铅技术，目前正在施工阶段。

富氧顶吹熔炼—鼓风炉还原炼铅工艺过程中的废气污染源为原料制备过程中（配料、混合）产生的含粉尘的废气、氧气顶吹熔炼窑烟气、鼓风炉还原烟气以及环境集烟烟气，主要污染物为烟尘、重金属、二氧化硫、氮氧化物；废水主要为设备冷却水、地面清洗废水、污酸、初期雨水等；固废有水淬渣、污水处理渣、脱硫渣和系统收集的粉尘。

4. 直接炼铅法

我国也引进和自主开发其他直接炼铅工艺，如白银公司西北铅冶炼厂引进德国 QSL 炼铅工艺；西部矿业集团责任公司引进卡尔多炉，北京矿冶研究总院开发的闪速炼铅技术等。

（1）氧气底吹直接炼铅法

氧气底吹直接炼铅法，即 QSL 法。QSL 炼铅法是利用熔池熔炼的原理和浸没底吹氧气的强烈搅动，使硫化物精矿、含铅二次物料与熔剂等原料在反应器（熔炼炉）的熔池中充分搅动，迅速熔化、氧化、交互反应和还原，生成粗铅和炉渣。氧气底吹直接炼铅法工艺流程图见图3-5。

QSL 反应器是 QSL 法的核心设备。反应器主要由氧化区和还原区组成，用隔墙隔开，还附设有加料口、放渣口的排烟口。矿物原料和固体燃料混合均匀后从氧化区顶部的加料口直接加入，混合炉料落入由炉渣和液铅组成的熔池内。

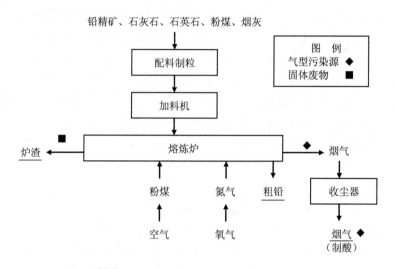

图 3-5　氧气底吹直接炼铅法工艺流程图

氧气底吹直接炼铅法的特点是氧的利用率高（近乎 100%），硫的利用率高（大于 97.5%），烟气二氧化硫浓度高（进余热锅炉烟气二氧化硫浓度 8%～12%）。适于"二转二吸"制酸工艺，操作简单，劳动条件好及成本低。

自 20 世纪以来，世界上有三家工厂采用 QSL 技术炼铅，包括我国白银公司西北铅冶炼厂，不过该工厂引进的 QSL 炉，一直未正常投入生产。

（2）卡尔多炉炼铅工艺

卡尔多炉是瑞典 Boliden 公司研制开发的，最早应用于钢铁工业，应用于有色金属行业最早是用来处理含铅烟尘，后来成功地处理了铅精矿，使得卡尔多炉炼铅技术得到了应用。

卡尔多炉由圆桶形的下部炉缸和喇叭型的炉口两部分组成，下部炉缸的外壁固连着两个大轮圈。带轮圈的炉子本体用若干组托固定在一个框架结构的空间笼内，炉子本体在安装于空间笼上的电机、减速传动机构的驱动下，可沿炉缸的轴做回转运动。

炼铅工艺分为加料、氧化熔炼、还原熔炼和放铅出渣四个阶段，该工序要求精矿含水 0.5%以下，再进入筛分机进行筛分，小于 5 mm 的细料用压缩空气送入喷枪，在喷枪内由富氧空气喷入炉内进行闪速熔炼。大于 5 mm 的粗料与溶剂、焦粉一起用翻斗车加入炉内参与反应。工艺流程同图 3-5。

卡尔多炉整个熔炼过程都在一个炉子内完成，周期性进行，具有以下特点：从原料到粗铅的所有工序都在同一个炉子内完成，整个系统全部被笼罩于一个密封的环保烟罩内，包括加料、排渣、放铅等所有操作都在这个环保烟罩内进行，防止了烟气、烟尘、铅蒸汽等对操作环境的影响，降低了生产过程对环境的污染。但是卡尔多炉的作业是周期性的，烟气量与烟气成分均不稳定，热损失还是比较多的，所以，氧气顶吹卡尔多炉直接熔炼铅精矿尚未被推广。

我国西部矿业集团责任公司引进的卡尔多炉目前已停产。

（3）闪速炼铅技术

1）基夫赛特（Kivcet）炼铅法。基夫赛特（Kivcet）法为前苏联有色金属矿冶研究院于 1967 年开发的一步炼铅法工艺，该熔炼方法实际上是包括闪速炉氧化熔炼硫化铅精矿和电炉还原贫化炉渣两部分，将传统炼铅法烧结焙烧、鼓风炉熔炼和炉渣烟化三个过程合并在一台基夫赛特炉中进行。基夫赛特炉熔炼时，工业氧与炉料在悬浮状态下完成氧化、熔化、造渣过程。基夫赛特炉的反应塔从上到下分为氧化脱硫、熔炼造渣（含铅高的初渣）和焦滤还原三个基本过程。

基夫赛特炉电热区的电能由碳电极提供，以维持熔体处于熔融状态，从电炉区拱顶的氮气密封加料口加入焦粒，还原熔体中的氧化锌和剩余的氧化铅。电炉区端墙下部设有虹吸放铅，侧下部设有渣口，定期排渣。为进一步回收渣中残余的铅、锌，通常采用烟化炉处理炉渣。电炉区含铅、锌的蒸气经过后燃烧室吸入空气氧化后再经余热锅炉、热交换器、布袋收尘器除尘后排空，热交换器产出的热空气用于炉料的干燥。工艺流程同图 3-5。

该法特点是作业连续，氧化脱硫和还原在一座炉内连续完成；原料适应性强，含铅 20%～70%、硫 13.5%～28%、银 100～8 000 g/t

的原料均可适用。金属的回收率高，铅回收率＞97%，金、银入粗铅率达 98% 以上，回收原料中锌 60% 以上；烟尘率低（4%～8%），烟气二氧化硫浓度高（20%～50%），可直接制酸，烟气量少，带走热量少，且余热利用好，从而减小冷却和净化设备；能耗低，粗铅能耗一般低于 0.35 t 标煤/t，电铅能耗可控制在 0.6 t 标煤/t；炉子寿命长，炉寿可达 3 年，维修费用省。其主要缺点是原料准备复杂，炉料粒度要求＜1 mm，需干燥至含水 1% 以下，且投资偏高。

该法目前在我国尚没有生产实例。

2）铅富氧闪速熔炼新技术。铅富氧闪速熔炼新技术为北京矿冶研究总院借鉴 Kivcet 直接炼铅工艺及镍闪速熔炼工艺，与河南灵宝市华宝产业集团合作开发，目前使用该工艺技术的年产 10 万 t 粗铅的冶炼厂已于 2009 年 9 月投产。

铅富氧闪速熔炼新技术主体设备由一座闪速熔炼炉和一座矿热贫化电炉组成。闪速熔炼炉由三部分组成：带氧焰喷嘴的反应塔、设有热焦滤层的沉淀池和上升烟道。反应塔和上升烟道架设在沉淀池上，反应塔在前，上升烟道在尾部。塔顶中央设有一个精矿喷咀，粉状炉料和碎焦混合后通过下料管从咽喉口处给出，氧气在咽喉口成高速射流，将炉料引入并经喇叭口分散成雾状送入反应塔。中央喷咀将反应空气、炉料混合分散并送入塔，风料呈悬浮状，进入高温区即发生冶金化学反应。反应后的铅与渣在沉淀池分离，大部分粗铅从沉淀池放铅口虹吸放出，至浇铸机浇筑成粗铅锭，送铅精炼车间电解精炼；少部分铅呈 PbO 进入炉渣，自流至矿热贫化电炉进行深度还原。贫化电炉的粗铅从放铅口虹吸放出浇铸成铅锭，送铅精炼车间电解精炼。冰铜定期由冰铜口虹吸放出。工艺流程同图 3-5。

铅富氧闪速熔炼新工艺物料适应性强，不仅适用于铅精矿的处理，还可以处理湿法炼锌渣、湿法炼铜渣和铅贵金属系统渣。

该工艺烟气量小，热量损失小，烟气二氧化硫浓度高。炉体烟尘烟气逸散少、操作条件好、劳动安全、工业卫生条件好，烟尘排放少，降低冶炼过程的环境污染程度。

直接炼铅工艺过程中的废气污染源为原料制备过程中（配料、

加料）产生的含粉尘的废气、熔炼炉烟气以及环境集烟烟气，主要污染物为烟尘、重金属、二氧化硫、氮氧化物，熔炼炉烟气直接送制酸系统制酸后外排；废水主要为设备冷却水、地面清洗废水、污酸、初期雨水等；固废有水淬渣、污水处理渣、脱硫渣和系统收集的粉尘。

5. 现代炼铅法工艺比较

现代炼铅法工艺比较见表 3-1。

二、还原炉渣烟化处理及其污染物的产生

在前面熔炼过程中，除了产出粗铅外还产出一种熔体，该熔体主要是原料中的脉石氧化物和冶金过程中生成的铁、锌氧化物组成，即炉渣。炉渣中含有 0.5%～5% 的铅，4%～20% 的锌，冶炼过程中要对炉渣进行必要处理，以回收其中的铅、锌、铟等有价金属。炼铅炉渣经常采用的工艺为回转窑、电炉和烟化炉冶炼工艺。炼铅炉渣烟化过程的实质是还原挥发过程。

1. 回转窑烟化法

回转窑烟化法最早主要用来处理低锌氧化矿、采矿废石。后来用此法处理湿法炼锌厂的浸出渣和铅鼓风炉的高锌炉渣。此法实质就是将物料混以焦粉，在长 32～90 m、直径 1.9～3.5 m 的回转窑中加热，使铅、锌、铟、锗等有价金属还原挥发，呈氧化物状态而回收。

回转窑处理铅水淬渣，渣含锌以大于 8% 为宜，低于 8% 时则锌的回收率小于 80%，且产出的氧化锌质量差，窑内焦粉燃烧所需空气，除靠排风机造成的炉内负压吸入供给外，还常在窑头导入压缩空气的高压风，使锌铅挥发充分。

表 3-1　现代直接炼铅工艺分析比较表

	项目　　工艺	基夫赛特法（Kivcet）	QSL 法	艾萨法	奥斯麦特法	卡尔多法	氧气底吹-液态高铅渣直接还原装置
1	研究开发	20世纪60年代，前苏联"有色金属科学研究院"	20世纪70年代，德国 Lurgi 公司	1973年，澳大利亚联邦科学工业研究组织		20世纪70年代，瑞典波立顿公司	中国，2000年后
2	第一台工业装置投产	1986年处理铅精矿	1990年处理铅精矿	1991年处理铅精矿	1996年处理蓄电池膏/铅精矿	1976年处理含铅烟尘	豫光金铅的生产装置
3	代表厂家	意大利新萨明公司，处理铅精矿和含铅渣料。炉料 600 t/d。生产	加拿大科明科公司。处理铅精矿出渣和铅精矿，炉料 1 340 t/d。生产　德国斯托尔贝格铅厂，处理铅精矿与渣料。1995年两炉串联。生产炉料 550 t/d。生产	MIM 公司 ISA 铅厂，处理铅精矿。1995年两炉串联。生产　云南驰宏冶锌锗公司。处理硫化铅精矿，生产规模 80 kt/a 粗铅，2005年投产，单炉，仅完成氧化熔炼过程，一次粗铅率 45%。还原熔炼采用鼓风炉熔炼	欧洲矿业公司，处理蓄电池膏/铅精矿，处理量 189 300 t/a。燃料为天然气，熔炼段数 2 段，1996年投产　印度斯坦锌业公司，处理铅精矿 85 000 t/a。燃料为轻油，单炉，仅分段完成氧化熔炼、还原熔炼，烟化 3 段作业，2005年投产	瑞典波立顿公司。处理铅精矿。熔炼铅模。处理铅精 50 kt/a　西部矿业公司，处理硫化铅精矿。生产规模粗铅 50 kt/d，2005年投产	河南济源豫光金铅　河南济源万洋冶炼（集团）有限公司
4	原料	硫化铅精矿+铅渣+锌渣	硫化铅精矿+含铅渣料	硫化铅精矿或杂铅料	蓄电池膏、铅精矿	杂硫化铅精矿、铅料	硫化铅精矿

项目 工艺		基夫赛特法（Kivcet）	QSL 法	艾萨法	奥斯麦特法	卡尔多法	氧气底吹-液态高铅渣直接还原
5	炉料准备	干燥，含水小于1%，粒度小于1 mm	混合、制粒，球粒含水8%。	对炉料含水无严格要求：细颗粒物料制粒，球粒含水小于10%	对炉料含水无严格要求：细颗粒物料制粒，球粒含水小于10%	干燥，含水0.5%，粒度小于5 mm	含水8%～10%，含S小于18%，粒度3～15 mm
6	熔炼方式	工业纯氧闪速熔炼 焦炭层还原	工业纯氧底吹熔池熔炼 粉煤为还原剂	富氧顶吹熔池熔炼 焦炭作还原剂	富氧顶吹熔池熔炼 硫化铅精矿作还原剂	氧吹富顶吹闪速熔炼 焦炭为还原剂	纯氧或富氧底吹熔池熔炼 焦炭或煤为还原剂
7	熔炼设备	固定式 Kivcet炉 固定喷嘴	可转动 QSL炉 固定喷嘴	固定式 富氧顶吹炉 活动喷枪	固定式 富氧顶吹炉 活动喷枪	转动 卡尔多炉 活动喷枪	固定式 底吹炉 水冷固定喷嘴
8	作业方式	连续作业，氧化和还原在同一反应器完成	连续作业，氧化和还原在同一反应器完成	连续作业，氧化和还原分别在两台炉中完成	连续周期作业，还原（或烟化）在1台炉中连续分段完成	间断作业，氧化和还原在同一反应器内完成	连续作业、氧化和还原在2台炉中完成
9	烟气二氧化硫浓度（%）	20%～40% 连续，有制酸的实践	连续，有制酸实践	约15% 连续，有制酸实践	氧化8%～10% 还原3%～5% 有制酸实践	氧化熔炼16%，还原熔炼1%～6%，有制液态 SO_2 及硫酸的实践	氧化熔炼15%，连续
10	S（入烟气）（%）	>97	>97	>97	>97	>97	>97
11	渣含Pb（%）	小于2	4～6	2～5	还原渣Pb5%; 烟化渣Pb0.8～1.5%	3～4	2～3

回转窑内可分为预热带、反应带和冷却带。回转窑产物有氧化锌、药渣和烟气。回转窑的最大缺点是窑壁黏结造成窑龄短，耐火材料消耗大。因处理冷的固体原料、燃料消耗也大，成本高。随着烟化炉在炉渣烟化中的广泛应用，使用回转窑处理炼铅炉渣的工厂不多。

2. 电热炉烟化法

电热炉烟化法实质上是在电炉内往熔渣中加入焦炭使氧化锌还原成金属并挥发出来，随后锌蒸汽冷凝成金属锌而使部分铜进入铜锍中回收。

该法所使用的焦炭必须干燥且电炉应严格密封，以免氧化。炉渣锌含量越高处理越经济，该法电能消耗较高，适宜于电价便宜的地方。

3. 烟化炉烟化法

此法是将含有粉煤的空气以一定的压力通过特殊的风口鼓入烟化炉的液体炉渣中。与其他炉渣处理方法不同，炉渣烟化属于熔池熔炼。

烟化炉可以处理含锌 7%～28% 的锌物料，如铅锌氧化矿、鼓风炉熔炼炉渣、炼铁高炉和电弧炉炼钢烟尘、湿法炼锌浸出渣等，所以烟化炉常用来处理炼铅炉渣。烟化炉熔炼的工艺过程大致可分为进料、升温、还原熔炼和放渣四个步骤。粉煤燃烧贯穿整个过程，其中还原熔炼期的燃烧过程最为复杂。

炉渣烟化处理过程中废气污染源主要是烟化炉排放的废气，废气主要污染物为烟尘、重金属、二氧化硫、氮氧化物；废水污染源为设备冷却水、车间冲洗废水、冲渣水，主要污染物为重金属和悬浮物；固体废物有烟化炉渣、烟气收尘产生的烟尘（返回系统）、烟气脱硫产生的脱硫渣。

三、粗铅精炼及其污染物的产生

粗铅一般含杂质 2%～4%，个别会低于 2% 或高于 5%。为了达到使用需要，必须对粗铅进行精炼。粗铅精炼分为火法和电解法两种，采用全火法精炼的厂家较多，约站世界精铅产量的 80%以上。而中国大多采用粗铅初步火法精炼脱铜后再进行电解精炼。精铅最终产品含铅 99.99%以上。

1. 火法精炼

火法精炼的主要设备为熔铅锅、电铅锅，主要工序有除铜、除碲、除砷锑锡、回收银、除锌、除铋、最终精炼得到精铅。各个工序产出的渣分别回收利用。火法精炼工艺流程见图 3-6。

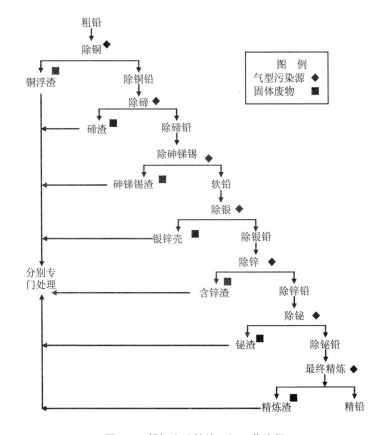

图 3-6 粗铅火法精炼一般工艺流程

火法精炼的主要优点是：投资少，生产周期短，占用资金少，生产成本低，适宜处理含铋较低的粗铅。缺点是：工序多，铅收率低，劳动条件差。

粗铅火法精炼过程中产生的废气污染源为生产过程中熔铅锅（电铅锅）面产生的烟气，烟气的主要成分为烟尘和铅尘；废水主要污染源为车间冲洗废水，废水主要成分为悬浮固体；固废主要为生产过程中产生的各种渣，包括铜浮渣、碲渣、砷锑锡渣、银锌壳、含锌渣、铋渣、精炼渣以及熔铅过程中产生的浮渣，产生的各种渣分别处理。

2. 电解精炼

电解精炼原理：根据铅阳极板中各种金属标准电位的不同，以硅氟酸和硅氟酸铅溶液作电解液，以铅阳极板作阳极，以析出铅制成的薄片作阴极，随着电解过程的进行，阳极的铅逐渐溶解，呈金属铅而沉积在阴极上。阳极中其他金属杂质由于具有不同电位，其电位较铅负的金属分别进入电解液，电位较铅正的金属留存在阳极上，形成阳极泥不在阴极析出，从而达到提纯铅和回收有价金属的目的。

在直流电的作用下，在电极与电解液的界面上发生电化学反应：

在阳极上　　$Pb - 2e \rightarrow Pb^{2+}$

在阴极上　　$Pb^{2+} + 2e \rightarrow Pb$

电解精炼使用的主要设备是电解槽，铅电解槽大多为钢筋混凝土单个预制，电解槽的防腐多用 5 mm 厚的软聚氯乙烯塑料。电解槽的配置依照槽与槽之间电路串联、槽内电极并联的方式连接。电解槽一般距离地面 1.8～2.0 m，槽下设置贮液槽。

电解阴极大都使用阴极始极片，阳极即为浇铸的铅阳极板，电解液由硅氟酸铅溶液和硅氟酸的水溶液组成，正常含 Pb^{2+} 80～100 g/L，游离硅氟酸 70～100 g/L。电解一般在 10～50℃下进行。

电解过程中将制取的始极片及浇铸的阳极板，放入电解槽，将高位槽流下来的硅氟酸铅溶液注入电解槽进行循环电解，电解所产出的阴极铅送熔铅锅进行熔铸，用铸锭机铸成铅锭。电解后产出的残极在残极洗槽中刷洗，洗后的残极返火法熔炼，重新浇铸阳极板。刷洗残极获得阳极泥浆经浆化洗涤过滤，产出的阳极泥送贵金属车间，以便回收金、银等有价金属。过滤产出的洗液及滤液分别返回残极洗槽和电解液循环槽。铅电解时循环的电解液流入循环槽，定期向循环槽中补充适量的硅氟酸和添加剂，再用泵将循环槽中的溶液泵至高位槽循环使用。电解精炼工艺流程见图 3-7。

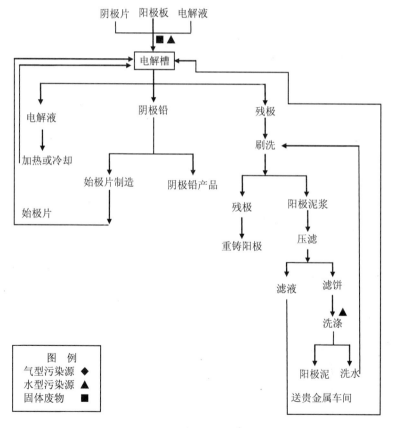

图 3-7　粗铅电解精炼工艺流程

电解精炼法的主要优点是：产品质量高，生产过程稳定，操作条件较好，适于处理含银、铋高的精铅。缺点是：投资大、生产周期长、生产成本高。

电解精炼过程中产生的废气污染源为电解槽面上的酸雾；废水主要污染源为洗涤水、车间冲洗废水，废水主要成分为悬浮固体；固废主要为生产过程中产生的残极和阳极泥，残极返回工艺，阳极泥富含贵金属，进一步进行处理或者作为副产品外售。

四、铅冶炼过程中主要污染物的产生

铅冶炼过程中会产生废气（烟粉尘、二氧化硫、氮氧化物等）、废水（重金属、含酸废水等）、固体废物（水淬渣、污水处理渣、脱硫渣、阳极泥、烟尘等）、噪声等污染物，其中以废气和废水污染造成的环境问题最为严重。

（1）大气污染

铅冶炼过程中，烧结、鼓风炉熔炼或直接熔炼、粗铅初步火法精炼、阴极铅精炼铸锭、炉渣处理、各类中间产物（如铜浮渣）的处理等工序均有废气产生。废气主要包括粉尘、烟尘和烟气，烟粉尘主要污染物为铅、锌、砷、镉、汞等重金属及其氧化物，烟气主要污染物有二氧化硫、氮氧化物等。各工序收尘器所收烟尘均返回生产流程用于金属回收。

铅冶炼生产过程中的废气来源及特征情况见表 3-2。

表 3-2　铅冶炼中产生的大气污染物及来源

源型	废气种类	来源	污染物
点源	原料仓及配料系统除尘废气	铅锌精矿仓中给料、输送、混料等末端处理尾气	颗粒物、重金属（铅、锌、砷、镉、汞）
点源	铅熔炼烟气	制酸后尾气	二氧化硫、硫酸雾
点源	还原炉烟气	鼓风炉	颗粒物、重金属（铅、锌、砷）、二氧化硫、氮氧化物
点源	烟化炉烟气	烟化炉	颗粒物、重金属（铅、锌、砷）、二氧化硫、氮氧化物

源型	废气种类	来源	污染物
点源	火法精炼烟气	熔铅锅、电铅锅	颗粒物、重金属（铅）
点源	浮渣处理烟气	浮渣处理炉窑	颗粒物、重金属（铅、锌、砷、铜）、二氧化硫、氮氧化物
点源	液态高铅渣直接还原烟气	侧吹还原炉、底吹还原炉	颗粒物、重金属（铅、锌、砷、镉、汞）、二氧化硫、氮氧化物
点源	环保烟囱烟气	富氧底吹熔炼炉、鼓风炉、烟化炉、浮渣处理炉窑等处的加料口、出铅口、出渣口以及皮带机受料点等除尘废气	颗粒物、重金属（铅、锌、砷、镉、汞）、二氧化硫、氮氧化物
面源	无组织排放	道路扬尘、堆场扬尘	颗粒物、重金属（铅、锌、砷、镉、汞）
面源	无组织排放	炉窑进料、出料口	颗粒物、重金属（铅、锌、砷、镉、汞）、二氧化硫、氮氧化物

（2）废水污染

铅冶炼生产过程中的废水包括炉窑设备冷却水、烟气净化废水、冲渣废水、初期雨水以及冲洗废水等。

铅冶炼生产过程中的废水来源及特征情况见表 3-3。

表 3-3　铅冶炼工艺工业废水产生及来源

废水种类	来源及特征	污染物
炉窑设备冷却水	冷却冶炼炉窑等设备产生，废水排放量大，约占总水量的 40%	基本不含污染物
烟气净化废水	对冶炼、制酸等烟气进行洗涤所产生的废水，废水排放量较大	含有酸、重金属离子（铅、锌、砷、镉、铜、汞等）和非金属化合物
水淬渣水（冲渣水）	对火法冶炼中产生的熔融态炉渣进行水淬冷却时产生的废水	含有炉渣微粒及少量重金属离子等
冲洗废水	对设备、地板、滤料等进行冲洗所产生的废水，包括电解或其他湿法工艺操作中因泄漏而产生的废液	含重金属（铅、锌、砷、镉、铜、汞等）和酸
初期雨水	冶炼厂区前 15 mm 雨水	含重金属（铅、锌、砷、镉、铜、汞等）

（3）固体废物污染

铅冶炼生产过程中产生的固体废物主要有烟化炉水淬渣、浮渣处理炉窑炉渣、脱硫渣、酸泥、污水处理渣、阳极泥等。生产过程中产生的主要固体废物及来源见表 3-4。冶炼过程中产生的烟尘、浮渣、阳极泥等均属于中间产品，需返回工艺流程或单独处理。

表 3-4　铅冶炼中的主要固体废物及来源

固体废物种类	来源	污染物
还原炉炉渣	鼓风炉熔炼或直接熔炼	铅、锌、砷、镉、铜等
烟化炉炉渣	烟化炉熔炼	铅、锌、砷、镉、铜等
浮渣处理炉窑炉渣	铜浮渣处理产生炉渣	铅、锌、砷、镉、铜等
酸泥	制酸烟气净化系统	砷、铅等
脱硫渣	制酸尾气、熔炼炉烟气等烟气脱硫产出渣	硫酸钙、铅、锌、砷、镉等
污水处理渣	酸性废水处理站	铅、锌、砷、镉、铜等

五、铅冶炼污染治理技术

1. 铅冶炼废气治理措施

（1）颗粒物除尘技术

1）袋式除尘技术。袋式除尘技术是利用纤维织物的过滤作用对含尘气体进行净化。

该技术除尘效率高，适用范围广，袋式除尘一般能捕集 0.1 μm 以上的颗粒物，且不受颗粒物物理化学性质影响，但对烟气性质，如烟气温度、湿度、有无腐蚀性等要求较严。

袋式除尘器的除尘总效率在 99.5%以上，最高可达 99.99%。烟粉尘排放浓度可低于 30 mg/m³。

该技术适用于精矿干燥、鼓风炉烟气除尘、烟化炉烟气除尘等，也适用于通风除尘系统及环保排烟系统废气净化。

目前，在布袋除尘器的设计和生产上，存在一些新型织物材料，采用这些材料生产的布袋除尘器，弥补了传统布袋上的一些不足，如容易破损，耐高温性能差，处理低露点烟气和黏度大颗粒物的难度较大等。据欧盟有色金属工业最佳可行技术参考文件（BREF 文件），新型覆膜布袋将极度光滑精细的聚四氟乙烯制膜覆盖在衬底材料之上，可提高布袋寿命，降低对烟气温度的要求，并相应地降低了运行费用。BREF 文件中给出了这些改良布袋在一些参数上的优势，这些新型材料的使用大大扩张了布袋除尘器的应用范围，可应用于所有新建或现有的装置，并可用于现有布袋的修复。根据文件中提供的报告，这类新型布袋如果配以正确的设计和管理，并用以处理合适的粉尘，将可获得极低的排放浓度（$<1 \text{ mg/m}^3$），而且更长的寿命和更大的可靠性足以弥补改良布袋除尘器所花费的投资。不同布袋除尘器之间的比较，以往的布袋除尘器多采用前置鼓风机，除尘系统为正压操作，近年来的发展则改为密闭的抽风过滤系统，采用后置风机，负压操作。这项技术的使用意味着更长的布袋寿命，更小的操作和维护费用。

2）电除尘技术。电除尘器是由两个极性相反的电极组成。其工作原理是：在电极上施加高电压后使气体电离，进入电场空间的粉尘荷电，在电场力的作用下，分别向相反电极的极板或极线移动，最后将沉积的粉尘收集下来，实现电除尘的全过程。

该技术除尘效率为 $99.0\% \sim 99.8\%$、颗粒物排放浓度可达 50 mg/m^3 以下。电除尘器与其他除尘设备相比具有阻力小、耗能少、除尘效率高、适用范围广、处理烟气量大、自动化程度高、运行可靠等特点；但一次性投资大，结构较复杂，消耗钢材多，对制造、安装和维护管理水平要求较高；应用范围受粉尘比电阻的限制。

由于电除尘不是烟气处理的最末端，后续处理有烟气制酸及烟气脱硫，因此对电除尘器后粉尘浓度的控制应结合技术及经济因素综合考虑。一般送硫酸厂烟气粉尘浓度控制在 500 mg/m^3 以下。该技术适用于铅冶炼工艺熔炼炉除尘和锌冶炼沸腾焙烧炉的烟气除尘。

3）湿法除尘技术。湿法除尘技术是以水与颗粒物直接接触，利用液滴或液膜黏附颗粒物而净化烟气的一种除尘方式。该技术适用于亲水性好、有毒、有刺激性的烟气除尘。

湿式除尘器具有投资低，操作简单，占地面积小，能同时进行有害气体的净化、含尘气体的冷却和加湿等优点。

该技术适用于非纤维性的、能受冷且与水不发生化学反应的含尘气体，特别适用于高温度高湿度和有爆炸性危险气体的净化，但必须处理除尘后的含泥污水，否则可能会产生二次污染。该技术不适用于去除黏性粉尘。

湿法除尘技术包括动力波除尘技术、水膜除尘技术、文丘里除尘技术、冲击式除尘技术等。

①动力波除尘技术。动力波洗涤器的工作原理是使含尘气体通过一个强烈湍动的液膜泡沫区，在泡沫区由于液体表面积大而且更新迅速，液膜的吸留和包裹对颗粒的洗涤效果特别好。

动力波除尘技术除尘效率大于98%。

该技术操作简单、运行可靠、维修费用小、除尘效率高、除杂能力强、适应气量变化能力较强。

该技术主要用于铅冶炼制酸系统的烟气净化。

②水膜除尘技术。水膜除尘技术是在除尘器内壁造成流动水膜，烟气在器内旋转流动，烟气中的尘粒在离心作用下与水膜接触，随水流出。

水膜除尘技术除尘效率80%～90%。

该技术构造简单、造价低、磨损小，但是除尘器壁存在干湿界面容易黏灰、占地面积较大。该技术适用于含尘 $3 \, g/m^3$ 以上且颗粒物捕集亲水性较强而黏结性较差烟气。

该技术可应用于铅精矿干燥的第二级除尘和用作铅鼓风炉快速除尘的分离器。

③文丘里除尘技术。文丘里除尘装置由文氏管和湿式旋风除尘器组成。烟气以 60～120 m/s 的高速度通过文氏管的喉管，将喷入喉管的水分散成雾滴，使尘粒湿润、凝聚增大，然后进入旋风除尘器，

将尘粒捕收下来。

文丘里除尘技术除尘效率 90%～95%。

该技术构造简单、占地较小，对捕集细粒颗粒物有较高效率，能适用于各种温度、湿度和含尘量的烟气，但该技术除尘阻力大，能耗较高。

该技术主要铅鼓风炉和浮渣反射炉的烟气除尘。

④冲击式除尘技术。冲击式除尘技术是烟气通过喷管，以 40～80 m/s 的速度冲向水面，尘粒在惯性作用下在水面上被捕集。

冲击式除尘技术除尘效率 80%～95%。

该技术结构简单、不易堵塞、维修方便、耗水量较小，但速度增大时阻力较大。

该技术主要应用于铅鼓风炉和烟化炉除尘。

（2）烟气制酸技术

1）绝热蒸发稀酸冷却烟气净化技术。通过液体喷淋气体，利用绝热蒸发降温增湿及洗涤的作用使杂质从烟气中分离出来，进而达到除尘、除雾、吸收废气、调整烟气温度的目的。净化工序由洗涤设备、除雾设备和除热设备组成，各种设备在烟气净化流程中可以有多种不同的组合和排列方式。典型烟气净化流程如：一级洗涤→烟气冷却→二级洗涤→一级除雾→二级除雾。

烟气净化外排压滤渣（指不溶性颗粒物及部分有价金属）和废酸。废酸中含有砷、铅以及其他重金属离子化合物。

采用绝热蒸发稀酸冷却烟气净化技术，提高了循环酸浓度，减少了废酸排放量，降低了新水消耗。该技术适用于所有的铅冶炼烟气的湿式净化。

2）低位高效二氧化硫干燥和三氧化硫吸收技术。因水蒸汽对生产工艺有危害，因此二氧化硫进转化工序前必须进行干燥，浓硫酸具有强烈的吸水性能常用作干燥气体的吸收剂；98.3%浓硫酸吸收三氧化硫吸收快、吸收率高、酸雾少，因此被作为三氧化硫的吸收剂。

硫酸尾气从吸收塔（或最终吸收塔）排出，尾气二氧化硫浓度低于 400 mg/m^3，硫酸雾浓度低于 40 mg/m^3。

低位高效干吸工艺相对于传统工艺干燥塔和吸收塔操作气速高、填料高度低、喷淋密度大，减小了设备直径及高度，节省了设备投资。干燥塔、吸收塔、泵槽均低位配置，有利于降低泵的能耗。干燥塔采用丝网除沫器、吸收塔采用纤维除雾器，降低了尾气中的酸雾含量。

该技术适用所有制酸烟气干燥和三氧化硫的吸收。

3）双接触技术。双接触技术是指二氧化硫烟气先进行一次转化，转化生成的三氧化硫在吸收塔（中间吸收塔）被吸收生成硫酸，吸收后烟气中仍然含有未转化的二氧化硫，返回转化器进行二次转化，二次转化后的三氧化硫在吸收塔（最终吸收塔）被吸收生成硫酸。一般采用四段转化，根据具体烟气条件可选择五段转化。

采用双接触工艺，烟气中的二氧化硫以硫酸的形式回收，二氧化硫转化率不低于99.6%。

该技术适用于二氧化硫浓度大于6%的烟气制取硫酸。

（3）烟气脱硫技术

1）石灰/石灰石-石膏法。石灰/石灰石-石膏法是用石灰或石灰石吸收母液吸收烟气中的二氧化硫，反应生成硫酸钙。脱硫吸收塔多采用空塔形式，吸收液与烟气接触过程中，烟气中二氧化硫与浆液中的碳酸钙进行化学反应被脱除，最终产物为石膏，硫石膏经脱水装置脱水后回收。

石灰/石灰石-石膏法需要消耗石灰石、电能和水。其脱硫效率可达95%以上，当烟气二氧化硫含硫量在3 000 mg/m^{3}以下时，二氧化硫排放浓度可控制在150 mg/m^{3}以下。脱硫系统产生脱硫石膏副产物。

该方法所用的吸收剂石灰/石灰石来源广、价格低廉、成本费低、使用烟气范围广、脱硫效率高、技术成熟可靠，在满足铅冶炼企业低浓度二氧化硫治理的同时，还可以部分去除烟气中的三氧化硫、重金属离子、氟离子、氯离子等，适用于冶炼厂锅炉烟气及低浓度二氧化硫烟气污染源处理系统。

石灰/石灰石-石膏法脱硫装置占地面积相对较大、吸收剂运输量较大、运输成本较高、副产物脱硫石膏处置困难，不适合脱硫剂资源短缺、场地有限的冶炼企业。

2）金属氧化物吸收法。金属氧化物吸收法将金属氧化物制成浆液洗涤气体，吸收处理低浓度的二氧化硫废气。国内已有工业装置的有氧化锌法、氧化镁法和氧化锰法。

金属氧化物吸收需要消耗金属氧化物、电能和水。金属氧化物法脱硫效率可达90%以上。

该技术适用于具有金属氧化物副产物的冶炼厂进行烟气脱硫。

3）有机溶液循环吸收脱硫技术。有机溶液循环吸收脱硫技术采用的吸收剂是以离子液体或有机胺类为主，添加少量活化剂、抗氧化剂和缓蚀剂组成的水溶液；该吸收剂对二氧化硫气体具有良好的吸收和解吸能力，在低温下吸收二氧化硫，高温下将吸收剂中二氧化硫再生出来，从而达到脱除和回收烟气中二氧化硫的目的。工艺过程包括二氧化硫的吸收、解析、冷凝、气液分离等过程，得到纯度为99%以上的二氧化硫气体送制酸工艺。

溶液循环吸收法需要消耗有机吸收剂、低压蒸汽、除盐水和电能。有机溶剂年消耗量约占系统溶剂总量的5%～10%，溶液再生低压蒸汽压力为0.4～0.6MPa。除盐水主要用于吸收剂的配制、系统补水和净化系统的再生。溶液循环吸收法脱硫效率大于96%，在烟气除尘降温单元有含氯离子及重金属离子酸性废水排放。

适用于厂内低压蒸汽易得，烟气二氧化硫浓度较高、波动较大，副产物二氧化硫可回收利用的冶炼企业。该技术不需要运输大量的吸收剂，流程简单，自动化程度高，副产高浓度二氧化硫。该技术一次性投资大，再生蒸汽能耗高，设备腐蚀严重，运行维护成本高。

4）活性焦吸附法脱硫技术。活性焦脱硫系统由烟气系统、吸附系统、解析系统、活性焦储存及输送系统、硫回收系统等组成。活性焦吸附二氧化硫后，在其表面形成硫酸存在于活性焦的微孔中，降低其吸附能力，可采用洗涤法和加热法再生。再生回收的高浓度二氧化硫混合气体送入硫回收系统作为生产浓硫酸的原料。

活性焦吸附法脱硫技术需要消耗活性焦、电能和（或）蒸汽。脱硫效率可达 95%以上，同时具有脱尘、脱硝、除汞等重金属的功能。

该技术适用于厂内蒸汽供应充足，场地宽裕，副产物二氧化硫可回收利用的冶炼企业。工艺流程简单，活性焦廉价易得，再生过程中副反应少。吸附容量有限，需要在低气速（0.3～1.2 m/s）下运行，因而吸附体积较大。化学再生和物理循环过程中活性焦会气化变脆、破碎及磨损而粉化，并因微孔堵塞丧失活性。

5）氨法脱硫技术。氨法脱硫是以液氨、氨水或碳铵为吸收剂，在水溶液中吸收烟气中的二氧化硫形成亚硫酸铵溶液，再将其解析出来的二氧化硫用于制酸系统，称为氨-酸法工艺，也可以将亚硫酸铵溶液继续氧化、结晶，得到硫酸铵产品。氨法可分为氨-酸法及氨-硫酸铵法等。

氨-硫酸铵法工艺反应速度快，脱硫效率高，且在脱硫的同时兼有 20%～40%的脱硝效率和大于 40%的除尘效率。

氨法脱硫需要消耗脱硫剂和电能，氨-亚硫酸铵法需要有一定的蒸汽消耗，吸收 1 t 二氧化硫需要消耗约 0.5 t 液氨。采用该方法应有可靠的氨源，电力消耗主要为烟气增压风机和吸收剂循环泵。

氨法脱硫效率可达 95%以上，当烟气二氧化硫含硫量在 3 000 mg/m³ 以下时，二氧化硫排放浓度可控制在 150 mg/m³ 以下。氨法脱硫存在氨逃逸问题，同时有含氯离子酸性废水排放，造成二次污染。

该工艺具有工程投入和运行费用低、占地面积小、处理率高、氨耗低等特点，适用于液氨供应充足，且对副产物有一定需求的冶炼企业。

6）钠碱法脱硫技术。钠碱法，或称钠钙双碱法，其技术原理为二氧化硫与氢氧化钠发生化学反应，反应生成物亚硫酸钠溶于水，含亚硫酸钠的脱硫循环水与投加的氢氧化钙反应可生成氢氧化钠和亚硫酸钙。通过沉淀分离可将难溶的亚硫酸钙从循环水中清除，氢氧化钠易溶于水，可循环使用，脱硫过程只消耗氢氧化钙。

钠碱法需要消耗碳酸钠或氢氧化钠、电能和水，主要污染物为废水。

该技术避免了设备腐蚀与堵塞，便于设备运行与保养，运行可靠性增加，运行费用降低；同时系统更紧凑，脱硫效率提高。该技术适用于氢氧化钠来源较充足的地区。

铅冶炼废气治理措施具体见表3-5。

表 3-5　铅冶炼废气治理技术

炉窑	含尘量/ （g/m³）	最佳可行工艺流程	外排烟粉尘浓度/ （mg/m³）
原料制备废气	5～10	集气罩→袋式收尘器→风机→烟囱	＜50
熔炼炉烟气	100～200	烟气→余热锅炉→电除尘器→风机→制酸	—
还原炉烟气	8～30	烟气→余热锅炉→袋式收尘器→脱硫→烟囱	＜50（铅尘＜8）
烟化炉烟气	50～100	烟气→余热锅炉→表面冷却器→袋式收尘器→脱硫→烟囱	＜50（铅尘＜8）
熔铅锅/电铅锅	1～2	吹吸式通风收尘装置→袋式收尘器→风机→烟囱	＜8（铅尘＜8）
浮渣处理炉窑	5～10	烟气→表面冷却器/冷却烟道→袋式收尘器→风机→烟囱	＜20（铅尘＜8）
环保通风废气	1～5	集气罩→袋式收尘器→风机→烟囱	＜25（铅尘＜8）

2. 铅冶炼废水治理措施

（1）石灰中和法（LDS）

向重金属废水中投加石灰，使重金属离子与羟基反应，生成难溶的金属氢氧化物沉淀、分离。

中和剂为石灰（$Ca(OH)_2$），去除率铅：98%～99%、砷：90%～95%、氟：80%～99%、其他重金属离子：98%～99%。

石灰中和法对重金属离子的去除率很高（大于98%），基本可处理除汞以外的所有重金属离子；对水质有较强的适应性；工艺流程短、设备简单、石灰就地可取、价格低廉、废水处理费用低。

该技术处理后出水硬度高，水回用困难；底泥过滤脱水性能差，组成复杂，含重金属品位低，综合回收利用与处置难，并易造成二次污染。

石灰中和法用于处理铅冶炼中产生的伴有含重金属离子和砷、氟等有害物质成分的酸性废水。

（2）高浓度泥浆法（HDS）

高浓度泥浆法（HDS）是在常规石灰中和法（LDS）产生大量的含固率不足1%底泥的基础上，通过将底泥不断循环回流，使稀疏底泥颗粒出现比较显著的晶体化、粗颗粒化现象，由此改进沉淀物形态和沉淀污泥量，可大大提高底泥含固率。

中和剂为石灰（$Ca(OH)_2$），与常规石灰法相比，处理同体积酸性废水可减少石灰消耗5%～10%，去除率Pb：98%～99%、As：95%～98%、F：80%～99%、其他重金属离子：98%～99%。

该技术使石灰得到充分利用，将常规石灰法改造为高浓度泥浆法，可提高水处理能力1～3倍，且易于对现有的石灰法处理系统的改造，改造费用低；产生污泥含固率高，达20%～30%；提高设备使用率；可实现全自动化操作，药剂投加量降低，节省了运行费用。

（3）硫化法

向水中投加硫化剂，使金属离子与硫反应生成难溶的金属硫化物沉淀去除的过程。常用的硫化剂有硫化钠（Na_2S）、硫化氢（H_2S）、硫化亚铁（FeS）。去除率铅：98%～99%、砷：96%～98%。

硫化法可用于去除水中的镉、砷、锑、铜、锌、汞、银、镍等重金属。此法的优点是生成的金属硫化物的溶解度比金属氢氧化物的溶解度小，处理效果比中和法更彻底，而且沉淀物不易溶解，沉渣量少，含水率低，便于回收有价金属。缺点是硫化药剂价格贵，货源少。此外，在反应过程中，会产生硫化氢（H_2S）气体，有剧毒，对人体造成危害。

目前，含砷、汞、铜离子较高的废水普遍采用硫化法处理。

（4）铁氧体法

铁氧体法通过铁氧体的包裹、夹带作用，使重金属离子进入铁氧体的晶格中形成复合铁氧体，由于铁氧体不溶于水也不溶于酸、碱、盐溶液，故有害的重金属离子不会浸出，从而达到去除重金属的目的。

处理过程需要不断添加 Fe^{3+} 和铁屑，去除率铅：98%～99%、砷：96%～98%。

铁氧体法处理重金属废水效果好，处理范围广，可一次除去污水中多种重金属离子，沉淀物具磁性且颗粒较大，容易分离，投资少，沉渣量少，且产物化学性质比较稳定无返溶现象。该法的缺点是铁氧体沉淀颗粒的成长及反应过程需要通空气氧化，且反应温度要求 60～80℃，污水升温耗能过高。

为克服铁氧体法的上述不足之处，出现了改进的铁氧体法即 GT 铁氧体法。其原理是在废水中加入 Fe^{3+}，然后将含 Fe^{3+} 的部分废水通过装有铁屑的反应塔，在常温条件下，反应塔中 Fe^{3+} 与铁屑反应生成 Fe^{2+}，将反应塔中废水与原废水混合，常温下加碱，数分钟后即生成棕黑色的铁氧体。

该方法适用于处理重金属离子浓度高的废水。

（5）膜分离法

膜分离法是利用隔膜使溶剂同溶质或微粒进行分离。铅冶炼主要采用超滤和纳滤处理技术。超滤系统作为纳滤系统的预处理，超滤预处理系统由进水泵、自清洗过滤器、超滤设备以及超滤反洗、清洗装置组成。超滤预处理后的水进入纳滤系统，纳滤系统由进水泵、5 μm 保安过滤器、纳滤设备、清洗系统等组成。

需用的药剂有混凝剂、助凝剂、阻垢剂，脱盐率达到 75%，出水悬浮物浓度（SS）低于 5 mg/L。

该技术具有分离效率高、无相变、节能环保、设备简单、操作简便等特点，特别是可回收有价金属和水资源，将资源回收和废水处理有效结合起来。

（6）生物吸附法

生物吸附法是生物体借助化学作用吸附金属离子的方法。生物吸附重金属离子主要包括静电吸引、络合、离子交换、微沉淀、氧化还原反应等过程。

该技术可采用的生物体包括木屑、稻谷壳、花生壳等，吸附重金属的生物体需经妥善处理后回收其中的重金属。

生物吸附法的特点是在低浓度下金属可以被选择性地去除；节能、处理效率高；操作的 pH 值和温度条件范围宽；易于分离回收重金属；能利用从工业发酵工厂及废水处理厂中排放出大量的微生物菌体，用于重金属的吸附处理，在废物利用的同时也解决了重金属污染的净化问题。

（7）生物制剂法

生物制剂法是以特异功能复合菌群代谢产物与其他化合物进行组分设计，通过基团嫁接制备富含羟基、巯基、羧基、氨基等功能基因组的复合配位体重金属废水处理剂（生物制剂）。

冶炼重金属废水通过水处理剂多基团的协同作用，形成稳定的重金属配合物，用碱调节 pH 值，并协同脱钙；由于水处理剂同量兼有高效絮凝作用，当重金属配合物水解形成颗粒后很快絮凝形成胶团，实现重金属离子和钙离子的同时高效净化。

该技术可实现废水中重金属离子和钙离子的同时深度净化，出水重金属离子稳定达到总铅浓度低于 0.5 mg/L、总镉浓度低于 0.05 mg/L、总汞浓度低于 0.03 mg/L、总砷浓度低于 0.3 mg/L、总镍浓度低于 0.5 mg/L、总铬浓度低于 1.5 mg/L、钙离子浓度低于 50 mg/L，废水回用率大于 95%。该技术处理设施简单，可在现有中和斜板设施上改造运行，运行成本低。该技术适用于粗铅冶炼含重金属废水治理。

铅冶炼废水处理措施具体见表 3-6。

3. 铅冶炼固体废物治理措施

铅冶炼生产过程中产生的固体废物主要有烟化炉渣、浮渣处理炉窑炉渣、煤气发生炉渣、脱硫渣、含砷废渣等。冶炼过程中产生的烟尘、浮渣、阳极泥、氧化铅渣等均属于中间产品，需返回工艺流程或单独处理。铅冶炼产生的固体废物处理技术见表 3-7。

表 3-6　铅冶炼废水处理措施

废水种类	来源及特征	处理措施
炉窑设备冷却水	冷却冶炼炉窑等设备产生，废水排放量大，约占总水量的 40%	可直接排放
烟气净化废水	对冶炼、制酸等烟气进行洗涤所产生的废水，废水排放量较大	进污酸污水处理站，可采用硫化物法+石灰中和法处理或采用石灰中和法+铁盐处理工艺，处理后出水排至厂酸性废水处理站进一步处理，酸性废水处理站目前大多采用石灰中和处理工艺
水淬渣水（冲渣水）	对烟化炉渣进行水淬冷却时产生的废水	经沉淀后循环利用
冲洗废水	对设备、地板、滤料等进行冲洗所产生的废水，包括电解或其他湿法工艺操作中因泄漏而产生的废液	排入酸性废水处理站处理
初期雨水	冶炼厂区前 15 mm 雨水	可单独处理，处理工艺初期雨水→沉淀池→加混凝剂沉淀→回用或排入酸性废水处理站处理

表 3-7　铅冶炼固体废物处理

序号	名称	去向	性质
1	水淬渣	送渣场堆存或作为建材综合利用	一般固废
2	浮渣处理炉窑炉渣	返回系统或者送有资质危废处理单位处理	危险废物
3	砷滤饼	危废渣场堆存或者送有资质危废处理单位处理	危险废物
4	脱硫渣	如是一般固废可作为建材综合利用；如为危险废物需送有资质危废处理单位处理	需做毒性浸出试验判定
5	污水处理渣	危废渣场堆存或者部分返回系统或者送有资质危废处理单位处理	危险废物
6	阳极泥	送阳极泥处理车间处理或者外售有资质单位处理	副产品
7	铅还原炉渣	或采用烟化炉吹炼，或经水淬后送回转窑挥发或堆存留待处理	中间产品
8	铜浮渣	反射炉处理回收粗铅，制铜锍生产铜硫	中间产品
9	废触媒	触媒供应单位回收	危险废物
10	烟尘	返回系统	中间产品

第四章 铅冶炼企业重金属污染隐患排查

排查内容包含铅冶炼企业相关政策、主体工程、污染防治设施、监督管理以及周边环境等 5 个方面。

一、相关政策

1. 产业政策

（1）铅锌行业准入条件

自 2007 年 3 月 10 日起实施的《铅锌行业准入条件》中关于规模、工艺、污染防治的内容有：

1）新建铅冶炼项目，单系列铅冶炼能力必须达到 5 万 t/a（不含 5 万 t/a）以上，落实铅精矿、交通运输等外部生产条件，新建铅冶炼项目企业自有矿山原料比例达到 30%以上。允许符合有关政策规定企业的现有生产能力通过升级改造淘汰落后工艺改建为单系列铅熔炼能力达到 5 万 t/a（不含 5 万 t/a）以上。

2）新建铅冶炼项目，粗铅冶炼须采用先进的具有自主知识产权的富氧底吹强化熔炼或者富氧顶吹强化熔炼等生产效率高、能耗低、环保达标、资源综合利用效果好的先进炼铅工艺和双转双吸或其他双吸附制酸系统。烟气制酸严禁采用热浓酸洗工艺。

3）铅冶炼项目必须有资源综合利用、余热回收等节能设施。

4）利用火法冶金工艺进行冶炼的，必须在密闭条件下进行，防止有害气体和粉尘逸出，实现有组织排放；必须设置尾气净化系统、报警系统和应急处理装置。利用湿法冶金工艺进行冶炼，必须有排放气体除湿净化装置。

（2）《产业结构调整指导目录（2011 年本）（修正）》

为更好地促进经济发展方式转变，国家发改委会同国务院有关部门对《产业结构调整指导目录（2011 年本）》有关条目进行了调整，形成了《产业结构调整指导目录（2011 年本）（修正）》，并于 2013 年 5 月 1 日起正式实施，其中分别提出了鼓励类、限制类和淘汰类的相关内容，与铅冶炼有关的内容如下：

1）鼓励类

①高效、低耗、低污染、新型冶炼技术开发；

②高效、节能、低污染、规模化再生资源回收与综合利用。

a. 废杂有色金属回收；

b. 有价元素的综合利用。

2）限制类

①铅冶炼项目（单系列 5 万 t/a 规模及以上，不新增产能的技改和环保改造项目除外）；

②新建单系列生产能力 5 万 t/a 及以下、改扩建单系列生产能力 2 万 t/a 及以下，以及资源利用、能源消耗、环境保护等指标达不到行业准入条件要求的再生铅项目。

3）淘汰类

①烟气制酸干法净化和热浓酸洗涤技术；

②采用烧结锅、烧结盘、简易高炉等落后方式炼铅工艺及设备；

③利用坩埚炉熔炼再生铅的工艺及设备；

④1 万 t/a 以下的再生铝、再生铅项目；

⑤再生有色金属生产中采用直接燃煤的反射炉项目；

⑥未配套制酸及尾气吸收系统的烧结机炼铅工艺；

⑦烧结-鼓风炉炼铅工艺。

2. 选址

（1）环境敏感区判断

1）在国家法律、法规、行政规章及规划确定或县级以上人民政府批准的自然保护区、生态功能保护区、风景名胜区、饮用水水源保护区等需要特殊保护的地区，大中城市及其近郊，居民集中区、疗养地、医院和食品、药品等对环境条件要求高的企业周边 1 km 内，不得新建铅冶炼项目，也不得扩建除环保改造外的铅冶炼项目。

2）新建或者改、扩建的铅冶炼项目必须符合环保、节能、资源管理等方面的法律、法规，符合国家产业政策和规划要求，符合土地利用总体规划、土地供应政策和土地使用标准的规定。

3）重金属重点防控区禁止新建、改建、扩建增加重金属污染物排放的项目。对现有的铅冶炼企业，要严格按照产污强度和安全防护距离要求，实施准入、淘汰和退出制度。

4）对饮用水水源一级、二级保护区内的铅冶炼企业，应一律取缔关闭。

（2）卫生防护距离要求

符合已审批的环境影响报告书文件的规定要求。

3．环评制度执行

1）新建、改建和扩建铅冶炼生产企业，应进行环境影响评价，环评审批手续齐全。

2）项目的性质、规模、地点、采用的生产工艺或者防治污染的措施等应与环境影响评价文件或环评审批文件一致。如有重大变更或原环境影响评价文件超过五年方开工建设的，应当重新报批环境影响评价文件。

3）环境影响评价文件类别

自 2009 年 3 月 1 日起，铅冶炼项目应编制环境影响报告书。

4）环境影响评价文件等级

自 2009 年 3 月 1 日起，新建和扩建铅冶炼建设项目环境影响评价文件全部由国家环境保护部审批，再生铅冶炼项目由省级环境保护部门审批。

4．"三同时"制度执行

1）污染防治设施和生态保护措施严格按照环评审批文件要求与

主体工程同时设计、同时施工、同时投产使用。

2）检查环保设施是否按环评审批文件要求建设到位，可根据建设项目环保设施"三同时"验收一览表逐一核对各环保设施，同时，检查环保设施的规模与效果能否满足要求；对分期建设、分期投入生产或使用的建设项目，其相应的环保设施应当分期验收。

3）检查竣工环境保护验收手续是否齐全，验收提出的整改意见是否落实到位。

5. 试生产管理

需要进行试生产的建设项目应当按规定向环境保护主管部门提交试生产申请，并得到环境保护主管部门同意。试生产时间不得超过 3 个月。特殊情况下，经有审批权的环境保护主管部门批准，试生产的期限最长不超过一年。

6. 清洁生产审核情况

根据环发[2010]54 号文件，铅冶炼企业应当每两年完成一轮清洁生产审核，2011 年年底前全部完成第一轮清洁生产审核和评估验收工作。

二、主体工程

铅冶炼企业主体工程方面的重金属隐患排查主要考虑其生产运行期间可能存在的隐患。排查内容主要为生产工艺和生产设备，包括备料区、熔炼区、电解区和制酸区。通过对关键工序的检查，定性辨别企业生产工艺的先进程度，初步判断企业污染物的产生负荷情况。在了解设备运转率的前提下去排查各个区域和设施，排查各个排放点是否达标排放。

1. 备料区

铅冶炼企业备料区一般设置有精矿库（包括备料工序）、干燥工序、粉煤制备等生产工序。备料区应考虑精矿运输车辆在厂通行路径短捷、车辆装卸运输作业高效以及避免与车间运输作业产生交叉干扰等要求。

（1）精矿库

该工序产生污染物主要是粉尘，粉尘中主要含有铅、砷、镉、锌、汞等重金属。

1）排查重点。

①精矿堆存方式，精矿库料堆一般为半地下式，精矿库容积应满足 15～30 天的精矿用量；

②精矿库是否为半封闭式结构，精矿库必须设有顶棚及半密闭厂房；

③铅精矿、熔剂是否分格贮存；

④混合精矿应自动配比，混合物料是否通过密闭皮带运输机送至熔炼炉或干燥系统；

⑤配料仓顶、皮带运输机受料点及配料仓下给料机卸料处、转运站皮带运输机受料点处等是否设置除尘系统，除尘最好选用袋式除尘器。

2）辨别方法：现场查看，调查是否与环境影响评价报告书一致。

（2）干燥工序

该工序产生污染物主要是粉尘，粉尘中主要含有铅、砷、镉、锌等重金属。对于基夫赛特炼铅、富氧闪速炼铅法等闪速熔炼工艺，均会设有干燥工序，而对于富氧底吹熔炼工艺、富氧顶吹熔炼等熔池熔炼工艺，则根据精矿含水情况确定是否需要进行精矿干燥，一般只要精矿含水率在 10% 以下就可满足工艺要求，无需干燥。

1）类型：铅精矿干燥一般采用直接干燥和间接干燥两种方式。

2）排查重点：铅精矿干燥方式，目前国内有色冶炼多采用间接干燥方式，其设备有多层蒸汽盘管干燥机、盘式干燥机、桨叶干燥机和蒸汽管回转干燥机等，一般采用余热锅炉产生的饱和蒸汽为加热介质。干燥机产出的烟气应配有收尘系统，目前多采用袋式收尘装置。

3）辨别方法：现场查看，调查是否与环境影响评价报告书一致。

（3）粉煤制备

粉煤制备包括原煤堆场、煤磨车间、原煤仓、粉煤仓、粉煤输送设备间、热风炉间等，粉煤主要用于烟化炉生产。该工序产生的污染物主要为粉尘，基本不含重金属。

1）类型：粉煤制备系统通常可分为中间粉仓式和直接吹入式两种。

2）排查重点。

①调查原煤堆场应建有煤棚并配置有降尘措施。原煤至原煤仓的运输方式，目前国内多采用皮带运输机，产生的扬尘较小。

②调查粉煤制备方式，中间粉仓式较直接吹入式爆炸危险性大，但工作可靠性高。粉煤应采用气流输送至烟化炉。

3）辨别方法：查看环境影响评价报告书、现场查看。粉煤制备车间一般三层布置，底层包括：煤磨间、粉煤输送设备间、热风炉间、风机室；二层布置粉煤仓、原煤仓；三层布置布袋除尘器。

　典型铅冶炼备料区原料输送系统见图4-1至图4-3。

图4-1　铅冶炼原料输送皮带廊1　　图4-2　铅冶炼原料输送皮带廊2

图 4-3　铅冶炼原辅料上料系统

2. 熔炼区

　　铅冶炼企业熔炼区一般包括熔炼—还原工序、烟化工序、烟气脱硫系统等。

（1）熔炼—还原工序

　　熔炼工序产生的烟气一般经熔炼炉+余热锅炉+电除尘器处理后送制酸车间，熔炼工序正常情况下外排的废气主要为出渣口、出铅口、进料口等处统一收集的环境集烟。主要设备为熔炼炉、余热锅炉和电收尘器。

　　还原工序产生的烟气一般经余热锅炉+袋式除尘器+脱硫处理后排放，该工序含有的主要污染物为烟尘、SO_2、重金属（铅、锌、砷）等。主要设备为还原炉（鼓风炉），一步炼铅工艺熔炼和还原在一个炉子内完成，无单独还原炉。

　　1）类型：铅熔炼—还原工艺包括富氧底吹熔炼—熔融高铅渣直接还原法、富氧底吹熔炼—鼓风炉还原法（水口山法）、富氧顶吹熔炼—鼓风炉还原法（艾萨法或奥斯麦特炼铅法）、烧结—密闭鼓风炉法（ISP 法）、基夫赛特一步炼铅法、富氧闪速炼铅法、烧结机—鼓风炉炼铅法和烧结锅—鼓风炉炼铅法等。

2）排查重点。

①调查熔炼工艺，是否采用烧结锅—鼓风炉炼铅法和烧结机—鼓风炉炼铅法（在《产业结构调整指导目录（2011 年本）（修订）》列入淘汰类）等淘汰工艺。

②熔炼烟气是否经余热锅炉回收余热后进电收尘器收尘。

③熔炼炉和还原炉的出渣口、出铅口、进料口等处是否设置集烟系统，集气罩是否在负压下运行，收集的烟气是否送环境集烟系统进行脱硫处理。

④对于无法实现液态高铅渣直接还原熔炼的，高铅渣堆场是否按危险废物渣场设计建造。

⑤鼓风炉烟气是否进行脱硫处理，该部分烟气如未经脱硫处理很难能满足《铅、锌工业污染物排放标准》（GB 25466—2010）排放标准要求。

⑥铅冶炼企业是否只允许熔炼炉设置烟气旁道，旁道烟气应经脱硫处理后才可外排。

3）辨别方法：现场查看，调查是否与环境影响评价报告书一致。

典型铅冶炼熔炼区熔炼—还原工序相关工艺系统见图 4-4 至图 4-13。

图 4-4　豫光液态高铅渣直接还原系统　　图 4-5　曲靖冶炼厂富氧顶吹系统

图4-6　铅冶炼烟气收尘系统

图4-7　铅冶炼鼓风炉收尘系统

图4-8　铅冶炼烟气脱硫系统

图4-9　麻石脱硫系统

图4-10　高效布袋收尘系统

图4-11　液态高铅渣直接还原系统竖炉生产

图 4-12　烧结锅炼铅　　　　　　图 4-13　鼓风炉粗铅浇注

（2）烟化工序

烟化工序主要设备为烟化炉或回转窑。烟化工序产生的烟气一般经余热锅炉+冷却烟道+袋式除尘器+脱硫处理后排放，烟气中主要污染物为烟尘、SO_2、重金属（铅、锌、砷、铜等）。

1）类型：烟化工艺包括回转窑烟化法、烟化炉烟化法和烟化炉——余热锅炉采用一体化法等。

2）排查重点。

①烟化炉加料口、出渣口是否设置集烟罩，收集的烟气是否送环境集烟系统进行脱硫处理。

②烟化炉排放烟气是否进行脱硫处理，一般情况下，该部分烟气如未经脱硫处理很难能满足《铅、锌工业污染物排放标准》（GB 25466—2010）要求。

③烟化炉收尘系统收集下的烟尘（次氧化锌）是否密闭储存，严禁随意堆放。

④烟化炉渣水淬废水是否全部循环利用，禁止随意外排。

⑤烟化炉渣大多为Ⅱ类一般工业固体废物，如在渣场堆存，渣场是否按Ⅱ类一般工业固体废物渣场设计建设。

⑥烟化炉是否设有烟气旁道。

3）辨别方法：现场查看，调查是否与环境影响评价报告书一致。

典型铅冶炼烟化工序相关设备、场地如图 4-14 至图 4-15 所示。

图 4-14　回转窑

图 4-15　水淬渣渣场

（3）烟气脱硫系统

1）类型：铅冶炼企业烟气脱硫技术包括石灰/石灰石—石膏脱硫技术、有机溶液循环吸收脱硫技术、金属氧化物吸收法、活性焦吸附法脱硫技术、氨法脱硫技术、钠碱法脱硫技术等。

2）排查重点。

①调查脱硫方式、脱硫剂种类，是否与环境影响报告书上一致；《铅冶炼污染防治最佳可行技术指南》（试行）推荐的最佳可行脱硫技术为石灰/石灰石—石膏脱硫技术、有机溶液循环吸收烟气脱硫技、金属氧化物脱硫技术和活性焦吸附法脱硫技术。

②调查是否有硫回收系统或脱硫副产物的处理处置措施，脱硫副产物的综合利用过程是否考虑重金属的影响。

③脱硫过程中产生的废水是否有相应的处理措施，该部分废水可排入厂污水处理站处理。

3）辨别方法：现场查看，调查是否与环境影响评价报告书一致。

3．电解区

铅冶炼电解区包括初步火法精炼除铜工序、铅电解精炼工序。

（1）初步火法精炼除铜工序

初步火法精炼除铜工序的主要设备为熔铅锅，污染物主要为熔铅锅产生的烟尘、SO_2 和重金属（铅、锌、砷）。

1）排查重点。

①熔铅锅是否设置有烟气收集系统，可采用吹吸式通风除尘装置或者移动烟罩收集。

②熔铅锅产生的浮渣是否统一堆存，堆存场是否按危险废物堆场设计建设。

③熔铅锅一般使用天然气或煤气作为燃料，如用煤作为燃料，燃烧部分是否有单独收尘系统，收集烟气是否进行脱硫处理。

2）辨别方法：现场查看，调查是否与环境影响评价报告书一致。

典型铅冶炼电解区初步火法精炼除铜工序相关设备及烟气收尘系统见图 4-16 至图 4-17。

图 4-16　熔铅锅　　　　图 4-17　熔铅锅烟气收尘系统

（2）铅电解精炼工序

铅电解精炼工序主要设备为阳极浇铸机、电解槽、电铅锅、铸锭机等。污染物主要为电解槽产生的酸雾，电铅锅产生的烟气、SO_2 和重金属（铅、锌、砷），电解车间外排的部分含重金属的酸性废水。

1）排查重点。

①电铅锅是否设置有烟气收集系统，可采用吹吸式通风除尘装置或者移动烟罩收集。

②电铅锅一般使用天然气或煤气作为燃料，如用煤作为燃料，燃烧部分是否有单独收尘系统，收集烟气应进行脱硫处理。

③电解车间产生的酸性废水是否统一收集后排入酸性废水处理站。

④电解槽取出的阳极泥是否统一收集后送贵金属车间处理或外卖。

2）辨别方法：现场查看，调查是否与环境影响评价报告书一致。

典型铅冶炼电解区电解精炼工序的相关设备及电解系统如图4-18至图4-19所示。

图4-18 圆盘铸锭机　　　　图4-19 铅电解系统

4．制酸区

（1）制酸系统

铅冶炼制酸车间主要设备为洗涤器、填料塔、净化电除雾器、干燥塔、转化器、吸收塔、酸罐等。污染物主要为制酸尾气，烟气净化产生的污酸等。

1）类型：铅冶炼烟气制酸工艺有单转单吸制酸技术和双转双吸制酸技术。

2）排查重点。

①调查制酸系统制酸工艺，烟气制酸必须采用稀酸洗净化、双转双吸工艺，严禁采用热浓酸洗工艺。

②制酸尾气是否能满足《铅、锌工业污染物排放标准》（GB 25466—2010）要求，否则应经脱硫处理后排放。

③烟气净化工序产生的污酸是否单独进污酸处理站处理达标后，再进入全厂酸性废水处理站。

④硫酸车间地面冲洗水是否统一排至厂酸性废水处理站处理。

⑤硫酸储罐区是否设有围堰，同时应设置事故应急池，硫酸发生泄漏事故时，溢漏量较大时可紧急排入应急池，应急池也可作为初期雨水收集池使用。

3）辨别方法：现场查看，调查是否与环境影响评价报告书一致。

典型铅冶炼制酸区制酸系统相关设备及环保设施见图 4-20 至图 4-23。

图 4-20　两转两吸制酸系统

图 4-21　硫酸车间事故应急池

图 4-22　制酸换热器

图 4-23　硫酸罐围堰

（2）污酸处理站

1）类型：铅冶炼厂污酸处理工艺包括传统石灰中和法、硫化法+石灰中和法、石灰中和+铁盐法、生物制剂处理技术等。

2）排查重点。

①调查污酸处理工艺，《铅冶炼污染防治最佳可行技术指南》（试行）推荐的最佳可行污酸处理工艺为硫化法+石灰中和法、高浓度泥浆法+铁盐中和处理工艺和生物制剂处理技术。单纯采用传统石灰中和法处理出水一般无法满足排放标准；硫化法+石灰中和法处理工艺应设置有硫化氢吸收塔，经碱液吸收后排放。

②污酸处理站产生的砷渣、铅渣应堆存于临时渣场，并定期委托有危险废物处置资质和能力的单位处理；也可堆存于危险废物渣库，且临时堆场和永久危险废物渣库应严格按照《危险废物贮存污染控制标准》（GB 18597—2001）的要求建造。

3）辨别方法：现场查看，调查是否与环境影响评价报告书一致。

5. 酸性废水处理站

1）类型：铅冶炼企业酸性废水处理工艺包括石灰中和法、高浓度泥浆法、硫化法、铁氧体法、生物制剂法、膜深度处理工艺等，也可是其中几种方法的组合。

2）排查重点。

①调查酸性废水处理工艺，目前国内铅冶炼企业多采用石灰中和处理工艺或石灰—铁盐处理工艺。

②酸性废水处理站产生的中和渣应堆存于临时渣场，并定期委托有危险废物处置资质和能力的单位处理；也可堆存于危险废物渣库，且临时堆场和永久危险废物渣库应严格按照《危险废物贮存污染控制标准》（GB 18597—2001）的要求建造。

③对于特殊保护区域，是否实现生产废水"零排放"。

3）辨别方法：现场查看，调查是否与环境影响评价报告书一致。

典型铅冶炼酸性废水处理站相关设施、设备见图4-24至图4-30。

图 4-24　石灰中和处理污水站

图 4-25　浓密机

图 4-26　石灰中和法反应平台

图 4-27　中和渣板框压滤

图 4-28　超滤膜组件

图 4-29　钠滤膜组件

图 4-30   多介质过滤器

6. 初期雨水收集系统

1）排查重点：全厂区应设置初期雨水收集系统，用于收集前 15 min 降雨，收集的初期雨水送酸性废水处理站处理，初期雨水收集池可作为酸性废水处理站事故应急池使用，也可根据厂区地势分区域分别建设。

2）辨别方法：现场查看，调查是否与环境影响评价报告书一致。

典型铅冶炼初期雨水收集池见图 4-31 至图 4-32。

图 4-31   初期雨水收集池 1

图 4-32   初期雨水收集池 2

三、污染防治设施方面

1. 工业废气防治设施

（1）废气来源

排查重点：检查废气来源，分析废气中主要污染物的成分。

辨别方法：铅冶炼过程中产生的废气主要来源于：备料过程中产生的含尘废气、铅熔炼烟气、鼓风炉及密闭鼓风炉烟气、烟化炉烟气、火法精炼烟气、浮渣处理烟气、制酸尾气、环保通风烟气（环境集烟烟气）、电解槽等散发的硫酸雾等。

（2）处理工艺

1）排查重点。

①检查各生产工序烟道、集气罩安装是否合理；

②检查各废气产生环节处理工艺类型，是否建有与污染物产生负荷相匹配的处理设施，判定处理设施能否使废气达标排放。

2）辨别方法。

①配料干燥窑、熔炼炉、烟化炉、浮渣处理炉窑等均为炉窑烟气，检查烟道是否为密闭的。

②制酸尾气烟道是否是密闭的。

③熔炼炉、还原炉、烟化炉、浮渣处理炉窑的环保通风烟罩是否为固定的。

④现场检查集气罩是否设置在放料口、出渣口、储槽等合适的位置。

⑤原料仓、配料工序一般采用布袋除尘器；熔炼炉烟气一般经过余热锅炉回收余热、降尘后，再通过电收尘器收尘送制酸工序；还原炉、烟化炉及浮渣处理炉烟气经回收余热、降温后经过布袋收尘或电收尘处理后排放；环境集烟烟气采用布袋收尘处理后排放。

⑥外排烟气应满足达到《铅、锌工业污染物排放标准》（GB 25466—2010）要求。

⑦制酸尾气在采用 3+2 转化工艺、国外进口触媒、管理规范的情况下，尾气是否达到 400 mg/m³ 的浓度限制要求。

（3）运行状态

重点检查各生产工序处理设施是否正常运行。

1）排查重点。

①废气处理设施是否能正常运行；

②检查袋式除尘器是否正常运行；

③检查废气处理设施是否定期维护；

④检查废气排口是否达标排放；

⑤湿式收尘设施的循环水或设备废水是否进入废水处理设施进行处理。

2）辨别方法。

①现场检查企业废气处理设备运行记录及台账，查看处理设备用电情况，根据生产时间及设备参数，核算用电量，如果总电量小于核算电量，可能存在生产时环保设施不运行情况；

②检查袋式除尘器进出口压差是否在 1.2～1.5kPa，小于 1.2 kPa 时应注意检查布袋是否破损，大于 1.5 kPa 时表明布袋需要清灰；

③对于常用的布袋除尘器，检查是否有破袋、缺袋现象，可通过除尘器检修门（孔）观察，或者查询是否有更换布袋记录，若企业 1 年以上未更换布袋，则可能存在事故性排放的可能，应检查布袋是否破损，布袋内外压力差是否正常；

④收集已有监测数据，根据监测数据判定废气排放口是否达标排放。

2. 工业废水防治设施

（1）**废水来源**

1）排查重点：了解废水来源，确定废水中主要污染源。

2）辨别方法：铅冶炼过程中产生的废水主要来源于二氧化硫烟气净化排出的废酸、车间地面冲洗水、设备冷却循环水的排污水、初期雨水和生活污水，主要污染物为酸以及重金属。其中，初期雨水重点检查以下内容：

①厂区是否设置初期雨水收集池；

②初期雨水是否送污水处理站处理。

（2）进水水量和水质

1）排查重点：检查各废水产生源水量与废水处理站进水量是否一致，检查废水处理站进水水质。

2）辨别方法。

①查阅企业用水记录，建立水平衡，通过分析取水量（工艺用水、生活用水）、重复利用水量（循环冷却水、废水回用水等）计算废水产生量；

②根据废水处理装置进口泵功率或流量计，检查装置进口水量；通过两者的对比，分析企业主要生产废水是否全部收集，是否有废水未经处理直接排放的可能；

③根据企业台账和环保部门监测数据，检查进口重金属污染物浓度。

（3）处理工艺

1）排查重点。

①检查废水处理工艺类型，清净下水、含重金属废水是否与生活污水分别处理，是否建有与生产能力配套的废水处理设施，判定处理工艺能否满足废水稳定达标排放要求；

②废水处理使用的构筑物是否进行防渗、防腐处理。

2）辨别方法。

①烟气净化产生的污酸应单独处理，处理后出水一般进去厂区综合废水处理站；

②生产废水处理主要以石灰中和絮凝沉淀法为主，投加的药剂主要有石灰、絮凝剂等，废水处理构筑物主要包括沉淀池、中和池、调节池、混凝沉淀池、清水池；

③企业应配有污泥压滤机等污泥脱水设备；

④根据构筑物的实际情况，验收是否与环评报告书一致；

⑤结合企业自行监测记录和环保部门监测数据，判断废水处理

装置是否满足水质处理的要求；

⑥废水处理站如设置浓密机或斜板沉淀池，则处理效果较好，否则应作为检查要点；

⑦是否处理沉淀污泥，长期不处理沉淀污泥将影响出水水质。

（4）**运行状态**

1）排查重点。

①检查每日的废水进出水量、水质，环保设备运行、加药及维修记录等是否记录齐全；

②检查耗电量，判断废水污染防治设施运行情况；

③检查污泥产生量，判断废水污染防治设施运行情况。

2）辨别方法。

①现场查阅企业环保设施运行记录；

②检查水泵等关键设备的额定功耗率，根据企业台账，计算其耗电量，判断是否与缴纳电费一致；

③对比耗电量波动情况与废水负荷波动情况，若有较大出入，则存在废水处理装置非正常运转的可能；

④根据污泥产生量台账和废水处理负荷之间的逻辑关系，判断废水污染防治设施运行情况，一般采用石灰调节 pH 值时，污泥产生量较大，使用氢氧化钠则污泥产生量较少。

（5）**出水水量和水质**

1）排查重点：检查废水处理站出口水量及水质的达标排放情况。

2）辨别方法。

①检查废水监测报告；

②现场用 pH 值试纸监测废水排放口 pH 值，进一步监测铅、铬、镉、砷、汞等污染物；

③监测生活污水或雨水管网废水 pH 值，如 pH 值过低，则有偷排废水的可能；

④铅、铬、镉、砷、汞属于第一类污染物，废水监测时一律在车间或车间处理设施排放口采样。

3. 固体废物防治设施

（1）固废产生及处置

1）排查重点：固废产生源及种类。

2）辨别方法：铅冶炼排放的固体废物主要有：鼓风炉渣、烟化炉炉渣、浮渣处理炉窑炉渣、砷滤饼、脱硫渣、污水处理渣等。根据渣的性质、种类、组成，鉴别确定一般固体废物和危险固体废物，分别进行处置或处理。

（2）固废贮存及管理

1）排查重点。

①危险废物贮存场所的建设是否符合要求；

②查看外售危险固废相关手续；

③检查危险固废与一般固废是否混堆。

2）辨别方法。

①查阅资料和现场检查危险废物贮存场所建设情况，以此判断危废贮存场所是否按照《危险废物贮存污染控制标准》（GB 18597—2001）建设。危险废物不得露天堆放，贮存场所必须采取防腐、防渗、封闭措施，并设置危险废物识别标志。其他固废应安全分类存放，防止扬散、流失、渗漏或者造成其他环境污染。

②检查企业提供的危险废物收集单位的危险废物经营许可证，判定收集单位是否具有含铅、汞、砷等废物的处置资质。

③检查是否有危险废物转移联单，转移联单记录的转移量是否与危险废物管理台账和排污申报量一致。

④现场检查一般固体废物中是否有危险废物，如在水淬渣场是否有黄色的砷渣等。

4. 噪声

1）排查重点：检查采取的隔声降噪措施，检查厂界噪声达标情况。

2）辨别方法。

①在产生高噪声的设备现场检查企业采取的减震措施，降噪措施；

②可采用收集企业现有厂界噪声监测数据，或采用现场噪声监测的方法来判定企业厂界噪声是否稳定达标排放。

5. 排放口

1）排查重点。

①检查污染物排放口规范化情况：污染物排放口的数量、位置、污染物排放方式和排放去向与企业排污申报登记、环评批复文件的一致性。排气筒高度是否满足最低 15 m 且高于排气筒周围半径 200 m 范围内最高建筑物 3 m 以上的要求。

②对于当地环保部门要求安装在线监测的，检查自动监控装置是否运行正常，检查自动监控装置的定期比对监测及监控数据的有效性审核情况；检查自动监控设施显示的数据是否齐全（例如制酸尾气在线监测数据至少应包括烟气流量、SO_2 浓度、NO_x 浓度）、是否能显示历史数据、检查历史浓度数据和曲线（可在环保部门的监控中心调阅历史曲线，个别企业现场端设备亦可显示历史曲线），判断日常超标情况和频次，是否存在闲置、私改电路、违规设定参数等现象；烟气自动监控设施还应检查标定仪器的标气是否在有效期内；检查探头位置设施是否规范；检查数据线能否有效连接探头及监控仪器；检查水污染源在线监测房的设置是否符合《水污染源在线监测系统安装技术规范（试行）》（HJ/T 353—2007）要求，大气在线监测站房是否满足《国家重点污染源自动监控能力建设项目污染源监控现场端建设规范》要求。

③检查排放浓度、排放量达标情况：检查企业自行监测记录和自动监控数据，是否均满足污染物排放标准要求；对存在超标可能的，可现场即时取样，监测结果折算成单位产品排污量后应满足污染物排放标准要求。

④检查是否存在偷排漏排或采取其他规避监管的方式排放废水现象；检查是否有偷排口或偷排暗管；检查是否存在将废水稀释后排放；是否将高浓度废水利用槽车或储水罐转移出厂、非法倾倒。

2）辨别方法：现场检查和查阅相关资料。

①若单位产品实际排水量超过单位产品基准排水量，须将实测水污染物浓度按照式（4-1）换算为水污染物基准排水量排放浓度，并以此作为判定排放是否达标的依据，产品产量和排水量统计周期为一个工作日。

$$基准排水量排放浓度=\frac{排水总量}{产品产量×单位产品基准排水量}×实测水污染浓度 \quad (4\text{-}1)$$

②实测炉窑的大气污染物排放浓度，应按照式（4-2）换算为基准过量空气系数排放浓度（炉窑基准过量空气系数为 1.7）。除炉窑外，其他生产设施中若单位产品实际排气量超过单位产品基准排气量，须将实测大气污染物浓度换算为大气污染物基准排气量排放浓度，并以此作为判定排放是否达标的依据（参照公式 4-1）。

$$\begin{aligned}基准过量空气系数排放浓度&=\frac{实测的过量空气系数}{规定的过量空气系数}×实测浓度\\&=\frac{21}{1.7×(21-实测含氧量)}×实测浓度\end{aligned}$$

$$(4\text{-}2)$$

6. 特别排放限值

在国土开发密度较高、环境承载能力开始减弱，或大气环境容量较小、生态环境脆弱，容易发生严重大气环境污染问题而需要采取特别保护措施的地区，应严格控制企业的污染物排放行为，在上述地区的企业执行《铅、锌工业污染物排放标准》（GB 25466—2010）修改单中规定的大气污染物特别排放限值。

四、监督管理

铅冶炼企业在监督管理方面的重金属隐患排查涉及企业施工、生产运行以及设备（设施）检修维护等各个方面。产生的原因在于企业在上述活动过程中违反了相关法律、法规、标准、规范等的规定，致使项目管理上存在缺陷、员工具有不安全行为或设备设施具有不安全因素，这些隐患均可能导致重金属环境污染事件的发生。

1. 施工期

1）排查重点。

①调查企业环境影响评价批复、职业危害预评价批复、发改委项目批文、规划部门的建设项目规划许可证和选址意见书等文件的完备性。

②调查企业初步设计评审记录、职业防护设施设计审查意见等审查意见的完备性；调查上述文件中关于环保初步设计是否满足环评批复要求，以及文件中要求作进一步修改的意见。

③调查企业环保试生产许可的完备性。

④调查企业环保竣工验收批复与排污许可证等文件的完备性。

2）辨别方法：现场查看各批复、文件的完备情况。

2. 生产运行期

1）排查重点。

①依据国家法律法规、并结合单位实际，组织制定的重金属环境安全方针、目标及安全标志是否在各车间相应的位置张贴出来。

②单位主要负责人、各职能部门负责人、重金属污染事故危险源监控的相关岗位负责人的环境安全职责是否明确。

③环境安全有关法规政策和环境监管制度的落实情况，包括环境安全隐患排查检查制度、职工环境安全教育培训制度、突发环境事件管理和整改制度、环境安全档案管理制度、环境安全及监管的奖惩制度等。

④是否制定了重金属污染源巡回检查制度，检查其执行情况。

⑤重金属污染源及排放口的建档、监控、监测情况，是否有专项报告。

⑥重金属污染防治环保投入保障制度的执行情况，是否形成台账。

⑦是否定期进行重金属环境污染事故防范设施（如事故池、应急抽水井等）的管理和维护保养，是否有记录情况。

⑧企业的环境应急预案是否为有效版本，是否按要求进行了应急预案的演练。

⑨是否制定了环保相关设备、设施检维修管理制度，是否保持有相关记录。

⑩环境应急预案的落实情况，如是否建立组织机构和职能分工、应急救援设施（备）是否齐备（如：个人防护装备器材、堵漏器材、医疗救护器材和药品、应急交通工具、应急通信系统、电源照明等）、效能或参数是否达到要求。

⑪环境应急要求的应急救援物资，特别是处理污染物泄漏、消解和吸收污染物的各种堵漏物资、吸附剂、中和剂、解毒剂等化学品物资（如水泥、活性炭、木屑和石灰等）的储备情况，是否能满足应急救援的需求。

⑫是否在规定地点设立泵站，泵是否一用一备，泵的功率是否满足应急需要。

⑬企业内部应急队伍建设是否落实到位，包括环境应急、抢修、现场救护、医疗、治安、消防、交通管理、通信、供应、运输、后勤等各种专业人员。

⑭环境污染事件应急救援外部力量情况：是否与地方政府应急预案进行了衔接、环境应急监测能力是否满足要求、是否建立了临近单位的区域联防与互助。

2）辨别方法：现场查看各制度、设施等的建立、执行、落实情况。

五、周边环境

铅冶炼企业在周边环境方面的重金属隐患排查涉及企业一旦发

生重金属环境污染事件，所能影响到的周边环境敏感点，包括村庄、河流、各类保护区等。

1）排查重点。

①周边 5 km 区域范围内的居民点（区）、自然村、学校、机关等社会关注区的名称、联系方式、人数；周边企业（或事业）单位的基本情况；上述各保护目标与本单位的距离和方位图。

②调查下游最近的水体（河流、湖泊、水库、海洋）名称、所属水系，以及下风向空气质量功能区情况。

③调查下游饮用水源保护区的情况，包括水源地名称、位置、相对距离、设计规模及日供水量等。

④调查企业下游跨界情况：跨省界、国界。

⑤调查企业下游涉及的国家级自然保护区、风景名胜区、森林公园、世界遗产保护区、国家重点文物保护单位、历史文化区、基本农田保护区等情况；重要湿地、特殊生态系统、珍稀动植物栖息地、濒危野生动物集中分布区、水产养殖区、重要水生生物的自然产卵场、索饵区、越冬场、洄游通道等情况。

2）辨别方法。

根据环境影响评价报告书等资料进行现场调查、访问。

第五章　铅冶炼企业环境风险评估

一、评估程序

铅冶炼企业环境风险评估主要包含三个阶段：

（1）预判别阶段

铅冶炼企业环境风险评估预判别阶段主要从铅冶炼企业相关手续的齐全性、铅冶炼企业采用原料类型、生产规模等情况，对铅冶炼企业进行初步的预判别，判断铅冶炼企业是否满足进入铅冶炼企业环境风险评估的条件。

（2）环境风险等级划分阶段

按照环境风险系统理论，从铅冶炼企业的自身环境危害性（Hazard）、铅冶炼企业周边环境敏感性（Sensitivity）和铅冶炼企业控制机制可靠性（Reliability）这三方面分别对铅冶炼企业环境风险进行定量的评估打分，并综合这三方面的得分，利用三维矩阵评估模型，将铅冶炼企业环境风险划分为一般、较大、重大三个风险等级。

（3）环境风险分析阶段

对于一般环境风险的铅冶炼企业，只记录评估过程；对于较大及重大环境风险的铅冶炼企业，还应进行可能发生的突发环境事件分析，提出环境风险防控措施的对策建议（图 5-1）。

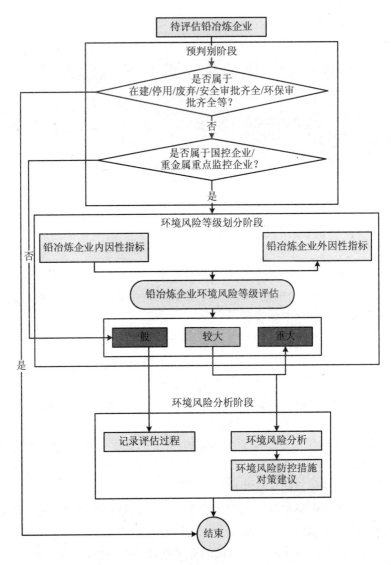

图 5-1　铅冶炼企业环境风险评估工作程序

1. 铅冶炼企业环境风险评估预判别

除了从铅冶炼企业相关手续，所用原料的预判外，要对生产工艺类型、生产规模、企业周边敏感性、企业历史事故与违法情况共 4 个方面，可以利用情形法进行初步的预判别，识别出重点铅冶炼企业，并对重点铅冶炼企业进行后续的铅冶炼企业环境风险评估工作。并通过以下情形，判别出应当停止环境风险评估工作：

1）属于在建、废弃、停用等状态的铅冶炼企业。

2）未编制环境影响评价文件或环境影响评价文件未经环境保护部门批准的铅冶炼企业。

3）未通过环境保护部门的建设项目竣工环境保护验收的铅冶炼企业。

4）未按规定通过建设项目安全设施竣工验收的铅冶炼企业。

5）未按规定通过消防验收的铅冶炼企业。

6）未按规定取得排污许可证的铅冶炼企业。

7）涉及危险废物或危险化学品，且未按规定取得危险化学品或危险废物安全生产许可证的铅冶炼企业。

8）所采用的工艺属于《产业结构调整指导目录（2011 年本）》淘汰类的，但尚未被依法予以淘汰的铅冶炼企业。

直接划定为重大环境风险的情形：

1）所采用的工艺不属于《产业结构调整指导目录（2011 年本）》淘汰类，但单系列产能 5 万 t/a 规模以下的。

2）达不到卫生防护距离或大气环境防护距离的。

3）周边 1 km 有饮用水水源保护区和居民集中区等敏感目标的。

4）近 5 年内发生过重、特大环境污染事故或者事件的。

5）近 5 年内发生过恶意环境违法事件的。

2. 铅冶炼企业环境风险等级划分

可采用层次分析法，分别对铅冶炼企业的内因性指标（生产因素、环保设施、厂址环境敏感性）和外因性指标（环境风险管理、事故管理、周边背景环境功能类别）进行定量的评估打分，综合这两方面的得分，对铅冶炼企业的环境风险进行定性的等级划分 [一般（Ⅰ级）、较大（Ⅱ级）、重大（Ⅲ级），如图 5-1 所示]。

3. 铅冶炼企业环境风险分析

1）对于一般环境风险铅冶炼企业，只需要记录风险评估过程，包括风险等级划分过程记录，主要内容有：

①铅冶炼企业环境风险预判别，确定该企业是否属于重点铅冶炼企业；

②铅冶炼企业内因性指标（生产因素、环保设施、厂址环境敏感性）评估，计算铅冶炼企业内因性指标得分；

③铅冶炼企业外因性指标（环境风险管理、事故管理、周边背景环境功能类别）评估，计算铅冶炼企业外因性指标得分；

④根据铅冶炼企业内因性指标得分和外因性指标得分，确定铅冶炼企业环境风险等级。

2）对于较大及以上（Ⅱ级及以上）环境风险铅冶炼企业除需要记录风险等级划分过程外，环境风险评估还应包括以下内容。

铅冶炼企业基本情况调查与分析，主要包括以下五个方面：

①铅冶炼企业基本信息；

②原料或固废来源生产工艺、所涉及的风险物质分析；

③铅冶炼企业周边环境受体情况；

④铅冶炼企业现有环境风险防控能力和应急管理工作情况分析；

⑤铅冶炼企业环境风险等级确定。

可能发生的突发环境事件分析包括：

①风险识别及事件类型判定：从环境风险产生源头、扩散途径、环境风险受体三方面识别环境风险，判定由生产设施、装备故障、操作错误等生产安全事故、污染治理设施非正常运行以及各种自然灾害、极端天气或不利气象条件引发的突发环境事件的类型、可能性及关键环节；

②源强分析：根据类型判定列出铅冶炼企业可能发生的各种事

故，进行源强计算；

③突发环境事件危害后果分析：科学预测铅冶炼企业运营期间可能发生的事故造成的后果，从大气、地表水、海洋、地下水、土壤等环境方面考虑并给出突发环境事件对环境的影响范围和程度。

现有风险防控措施的差距分析：在充分调研铅冶炼企业现有应急能力和管理制度的基础上，根据铅冶炼企业所涉及风险物质的种类及数量、生产工艺过程、环境风险受体等实际情况，结合可能发生的突发环境事件分析，从以下四方面对现有风险防控措施的有效性进行分析论证，找出差距：①环境风险管理制度；②风险监控预警措施；③环境风险防控工程措施；④环境应急能力。

4. 相关对策建议

针对风险防控措施的差距分析，逐项提出加强风险防控措施的完善内容、责任人及完成时限。

二、铅冶炼企业主要环境风险

1. 生产中涉及的化学品

（1）原料

铅冶炼企业采用的原料——铅矿石可分为硫化矿（方铅矿）和氧化矿两大类。我国铅矿多为共生矿体，单一铅矿少，最常见的是铅锌混合矿。铅矿石的含铅量较低，一般低于 9%，矿石成分较复杂，常含有锌、铜等金属。为此，铅矿石需先经过选矿富集，形成符合要求的铅精矿后，再送冶炼厂。

（2）污染物

铅冶炼工艺产生工业废水主要为：炉窑设备冷却水，废水排放量大，约占总水量的 40%，基本不含污染物；烟气净化废水，废水排放量较大，含有酸、重金属离子（铅、锌、砷、镉、铜、汞等）和非金属化合物；水淬渣水（冲渣水），含有炉渣微粒及少量重金属离子等；冲洗废水，含重金属（铅、锌、砷、镉、铜、汞等）和酸；初期雨水，含重金属（铅、锌、砷、镉、铜、汞等）。

铅冶炼工艺产生工业废气主要为：原料仓及配料仓系统除尘废气，主要污染物为颗粒物、重金属（铅、锌、砷、镉、汞）；铅熔炼烟气，主要污染物为 SO_2、硫酸雾；鼓风炉烟气，主要污染物为颗粒物、重金属（铅、锌、砷）、SO_2；密闭鼓风炉烟气，主要污染物为 SO_2；烟化炉烟气   烟化炉，主要污染物为颗粒物、重金属（铅、锌、砷）、SO_2；火法精炼烟气，主要污染物为颗粒物、重金属（铅）；浮渣处理烟气，主要污染物为颗粒物、重金属（铅、锌、砷、铜）、SO_2；液态高铅渣直接还原烟气，主要污染物为颗粒物、重金属（铅、锌、砷、镉、汞）、SO_2；环保烟囱烟气（富氧底吹熔炼炉、鼓风炉、烟化炉、浮渣处理炉窑等处的加料口、出铅口、出渣口以及皮带机受料点等除尘废气），主要污染物为颗粒物、重金属（铅、锌、砷、镉、汞）、SO_2；无组织排放（道路扬尘、堆场扬尘、铅电解车间），主要污染物为颗粒物、重金属（铅、锌、砷、镉、汞）、酸雾。

铅冶炼工艺产生固体废物主要为：烟化炉炉渣（烟化炉熔炼），主要污染物为铅、锌、铜；浮渣处理炉窑渣（铜浮渣处理），主要污染物为铅、锌、砷、镉、铜；含砷废渣（制酸烟气净化系统），主要污染物为砷、铅；脱硫石膏渣（烟化炉、还原炉、制酸尾气等烟气脱硫），主要污染物为硫酸钙；废水处理污泥（冶炼废水处理），主要污染物为铅、锌、砷、镉、铜；废触媒（制酸过程中失效的触媒），主要污染物为五氧化二钒、酸；阳极泥（电解精炼），主要污染物为金、银等稀贵金属。

2. 主要风险源及风险因子

（1）原料储运制备过程

主要风险源为精矿装卸、输送、配料、造粒、干燥、给料、粉煤制备等过程涉及的装置、设备。

主要风险因子为半封闭或未封闭原料仓、原料及配料转运过程、干燥工序等过程产生的含重金属（铅、锌、砷、镉、汞等）粉尘。

（2）熔炼—还原过程

主要风险源为熔炼炉、还原炉、进料口、出铅口、出渣口、溜槽、皮带机受料点、侧吹还原炉或底吹还原炉烟气、环保烟囱烟气等。

主要风险因子为铅熔炼烟气、鼓风炉烟气、密闭鼓风炉、侧吹还原炉或底吹还原炉烟气等含重金属（铅、锌、砷、镉、汞等）、SO_2、硫酸雾。

（3）烟化工序

主要风险源为烟化炉、进料口、出渣口、皮带机受料点以及各烟气排放口等。

主要风险因子为含重金属（铅、锌、砷、镉、汞等）烟尘、SO_2的泄漏烟气、含有炉渣微粒及少量重金属离子等的冲渣废水。

（4）烟气制酸工序

主要风险源为制酸车间。

主要风险因子为制酸尾气、焙烧烟气、硫酸雾、含重金属（砷、汞）烟粉尘、污酸、污酸处理系统的废渣、废触媒、废酸（不合格的副产品酸）。

（5）浮渣处理工序

主要风险源为浮渣处理炉窑、进料口、放冰铜口、出渣口以及铜浮渣处理池。

主要风险因子为含重金属（铅、锌、砷、镉、汞等）的泄漏烟气。

（6）初期雨水及废水收集处理系统

风险源为初期雨水及废水收集处理系统。

主要风险因子为含重金属废水及污水处理系统污泥。

（7）硫酸储罐

风险源为硫酸及其他危险化学品的储罐。

主要风险因子为硫酸。

（8）员工劳保管理

风险源为员工在厂区内穿戴的工作服、手套、鞋帽、口罩等。

主要风险因子为劳保用品使用及管理不当携带的重金属粉尘。

3. 造成风险的主要原因

1）含重金属烟尘废气无组织排放。

2）熔炼工序配套的烟气处理设施（余热锅炉、电除尘器等）突发故障停止运行、还原工序配套的烟气处理设施（余热锅炉、袋式除尘器等）突发故障停止运行、停电或系统长时间停车等原因造成的熔炼—还原烟气超标事故风险。

3）烟化工序配套的烟气处理设施（余热锅炉、袋式除尘器等）突发故障停止运行、停电或系统长时间停车等原因造成的烟化炉烟气超标事故风险。

4）制酸吸收系统酸泵突发故障停止运行、二氧化硫风机突发事故停止运行、停电或系统长时间停车等原因造成的底吹—硫酸系统烟气超标事故风险。

5）制酸过程泄漏、爆炸等原因引发的次生/伴生事故或风险，含砷、氟、铅的废酸废水事故排放风险。

6）浮渣处理工序配套的烟气处理设施（袋式除尘器等）突发故障停止运行、停电或系统长时间停车等原因造成的浮渣处理炉窑烟气超标事故风险。

7）废水收集处理系统突发故障、停电或系统长时间停车等原因造成的初期雨水或生产废水超标事故风险。

8）硫酸储罐由于某种原因突发泄漏造成硫酸泄漏事故风险。

9）相关人员长期接触原料储运过程洒落的原料，或者被带出厂区的员工衣服等劳保用品，而引发的人体健康风险。

10）高铅渣、污酸渣、烟尘、水处理污泥、废酸和其他堆存废渣等危险废物堆存风险，及其经雨水淋溶渗透造成周边土壤、农田、地下水污染引发的生态安全及人体健康风险。

11）因企业与场外环境保护目标卫生防护距离不足，经长期排污引发的累积性环境风险。

三、环境风险等级划分指标体系的构成

1．内因性指标

内因性指标是用于评价铅冶炼企业的生产工艺及装备等生产因素、环保设施及厂址环境敏感性等客观情况的指标。它反映铅冶炼企业因客观因素不同而导致不同的环境风险程度，包括生产因素、环保设施、厂址环境敏感性三大类指标。

（1）生产因素

生产因素指标是内因性指标中的一级指标，由生产时间、生产工艺与生产规模、铅总回收率、厂区内危险物质储存量、自控水平、清洁生产水平6个二级指标构成。

1）生产时间。铅冶炼企业生产时间越短，进入周边环境中积累的铅污染物量越少，风险相对较低，分值就较小。

2）生产工艺与生产规模。一方面，将铅冶炼生产工艺分为三个等级，见表5-1。另一方面，铅冶炼企业生产规模越大，污染物产生量及化学危险品产生量及使用量越大，则其环境风险相对较高。按照铅冶炼企业年生产量，本方法将企业按规模分为大、中、小三个等级，见表5-2。

表5-1 铅冶炼生产工艺分级

等级 工艺	先进水平	较先进水平	一般水平
冶炼工艺	富氧底吹—液态高铅渣直接还原工艺	富氧底吹—鼓风炉、富氧顶吹—鼓风炉、基夫赛特（Kivcet）法、闪速炼铅	密闭鼓风炉熔炼（ISP）工艺等炼铅工艺

表5-2 铅冶炼生产规模分级

等级	大型规模	中型规模	小型规模
规模	10万 t/a 以上（含10万 t/a）	5～10万 t/a（含5万 t/a）	5万 t/a 以下

3）铅总回收率。铅冶炼企业的铅回收率越高，进入环境中的量越小，风险越低，分值就越小。

4）厂区内危险物质储存量。硫酸的储存方式、灌装运输、使用等方面均存在风险因素，厂区内储存量越大，环境风险越高，分值就越大。若铅冶炼企业厂区内，硫酸储存量大于《危险化学品重大危险源辨识》（GB 18218—2009）规定的临界量，则该企业发生重大事故的可能性大。

5）自控水平。自控水平是指企业采用计算机控制进料和冶炼过程，具备炉温、压力等关键参数在线监测与报警装置等的状况。

根据铅冶炼企业自控水平的高低，给予不同的分值。自控水平越高，风险越低，分值就越小。

6）清洁生产水平。根据《清洁生产标准　粗铅冶炼业》（HJ 512—2009）和《清洁生产标准　铅电解业》（HJ 513—2009），将铅冶炼企业的清洁生产水平划分为三级：一级为国际先进水平，二级为国内先进水平，三级为国内基本水平。

根据铅冶炼企业清洁生产水平不同，给予不同的分值。清洁生产水平越高，风险越低，分值就越小。

（2）环保设施

环保设施指标，是内因性指标中的一级指标。铅冶炼企业环保设施越完善，其进入环境中的重金属污染物越少，风险越低，分值就越小。由废气收集、处理工艺，废水收集、处理工艺，固废收集、处理工艺，在线监控装置，事故应急设施5个二级指标构成。

1）"三废"收集、处理工艺。若"三废"收集、处理工艺属于《铅冶炼污染防治最佳可行技术指南（试行）》（HJ-BAT-7）最佳可行工艺，环境风险较低；若其不属于该指南中最佳可行工艺，虽能达标排放或满足环境管理的要求，但其环境风险依然相对较高。

2）在线监控装置。若企业安装废水重金属在线监控装置，有助于环境保护部门监控含重金属废水排放，则其环境风险小于未安装在线监控装置的企业。

3）事故应急设施。若企业各类储罐配有容积充足的围堰和事故废水收集池，事故应急设施配备完善，其环境风险相对较小。

（3）厂址环境敏感性

厂址环境敏感性指标，是内因性指标中的一级指标，由是否地处重点流域、是否地处环境敏感区、是否地处重金属污染防控重点区域、是否地处二氧化硫或酸雨污染严重区域、是否地处城镇主导上风向 5 个二级指标构成。

2．外因性指标

（1）**环境风险管理**

环境风险管理指标，是铅冶炼企业环境风险等级划分指标体系中的一级指标，由综合管理、环保设施运行管理、危险化学品管理、重大危险源管理 4 个二级指标组成。

1）综合管理。铅冶炼企业的综合管理如企业的环保理念、企业制度、激励机制、培训体质、质量管理以及风险管理等越完善，则风险越低，分值就越小。

2）环保设施运行管理。铅冶炼企业的环保设施运行管理如运行台账、日常维护等越完善，则风险越低，分值就越小。

3）危险化学品管理。铅冶炼企业的危险化学品管理如运输、贮存、生产和使用过程管理等越完善，则风险越低，分值就越小。

4）重大危险源管理。铅冶炼企业的重大危险源管理如建立健全危险源管理的规章制度、明确各级危险源定期检查责任、建立健全危险源的档案和设置安全标志牌、制定重大危险源应急救援预案、将重大危险源上报安全生产监督管理部门等越完善，则风险越低，分值就越小。

（2）**事故管理**

事故管理指标，是铅冶炼企业环境风险等级划分指标体系中的一级指标，由事故应急救援组织准备、事故处理总结两个二级指标构成。

1）事故应急救援组织准备。铅冶炼企业的事故应急救援组织准备如应急救援组织领导组织指责确定、专业救护人员的配备、应急救援器材与药品的配备等越完善，则风险越低，分值就越小。

2）事故处理总结。铅冶炼企业的事故处理总结如事故报告制度、事故调查制度、事故汇报制度等越完善，则风险越低，分值就越小。

（3）周边背景环境功能类别

周边背景环境功能类别，是铅冶炼企业环境风险等级划分指标体系中的一级指标，由周边水环境功能类别（地表水/海水、地下水）、周边土壤环境功能类别（主要指地势下游及两个主导风向下风向区域）、周边大气环境功能类别（主要指两个主导风向下风向区域）3个二级指标构成。

1）周边水环境功能类别。

①地表水/海水。铅冶炼企业周边地表水/海水环境功能类别越低，则风险越低，分值就越小。地表水/海水环境功能类别见表 5-3和表 5-4。

表 5-3　地表水环境功能类别

功能分类	保护目标
Ⅰ 类	主要适用于源头水、国家自然保护区
Ⅱ 类	主要适用于集中式生活饮用水地表水水源地一级保护区、珍稀水生生物栖息地、鱼虾类产卵场、仔稚幼鱼的索饵场等
Ⅲ 类	主要适用于集中式生活饮用水地表水水源地二级保护区、鱼虾类越冬场、洄游通道、水产养殖区等渔业水域及游泳区
Ⅳ 类	主要适用于一般工业用水区及人体非直接接触的娱乐用水区
Ⅴ 类	主要适用于农业用水区及一般景观要求水域

表 5-4　海水环境功能类别

水质分类	保护目标
第一类	适用于海洋渔业水域，海上自然保护区和珍稀濒危海洋生物保护区
第二类	适用于水产养殖区，海水浴场，人体直接接触海水的海上运动或娱乐区，以及与人类食用直接有关的工业用水区
第三类	适用于一般工业用水区，滨海风景旅游区
第四类	适用于海洋港口水域，海洋开发作业区

②地下水。铅冶炼企业周边地下水环境功能类别越低，则风险越低，分值就越小。地下水环境功能类别见表5-5。

表5-5 地下水环境功能类别

水质分类	保护目标
I 类	主要反映地下水化学组分的天然低背景含量。适用于各种用途
II 类	主要反映地下水化学组分的天然背景含量。适用于各种用途
III 类	以人体健康基准值为依据。主要适用于集中式生活饮用水水源及工、农业用水
IV 类	以农业和工业用水要求为依据。除适用于农业和部分工业用水外，适当处理后可作生活饮用水
V 类	不宜饮用，其他用水可根据使用目的选用

2）周边土壤环境功能类别。铅冶炼企业周边土壤环境功能类别越低，则风险越低，分值就越小。土壤环境功能类别见表5-6。

表5-6 土壤环境功能类别

功能分类	保护目标
I 类	主要适用于国家规定的自然保护区（原有背景重金属含量高的除外）、集中式生活饮用水源地、茶园、牧场和其他保护地区的土壤，土壤质量基本上保持自然背景水平
II 类	主要适用于一般农田、蔬菜地、茶园、果园、牧场等土壤，土壤质量基本上对植物和环境不造成危害和污染
III 类	主要适用于林地土壤及污染物容量较大的高背景值土壤和矿产附近等地的农田土壤（蔬菜地除外）。土壤质量基本上对植物和环境不造成危害和污染

3）周边大气环境功能类别。铅冶炼企业周边大气环境功能类别越低，则风险越低，分值就越小。大气环境功能类别见表5-7。

表 5-7   大气环境功能类别

功能分类	保护目标
一类	自然保护区、风景名胜区和其他需要特殊保护的地区
二类	居住区、商业交通居民混合区、文化区、工业区和农村地区

四、源强计算

1. 液体泄漏速率

液体泄漏速度 Q_L 用伯努利方程计算,见式(5-1)。该公式的限制条件:液体在喷口内不应有急剧蒸发。

$$Q_L = C_d A \sqrt{\frac{2(P - P_0)}{h} + 2gh} \qquad (5\text{-}1)$$

式中: Q_L——液体泄漏速度,kg/s;

C_d——液体泄漏系数, $C_d = 0.6 \sim 0.64$;

A——裂口面积,m^2;

P——容器内介质压力,Pa;

P_0——环境压力,Pa;

g——重力加速度,m/s^2;

h——裂口之上液位高度,m。

2. 气体泄漏速率

当式(5-2)成立时,气体流动属音速流动(临界流):

$$\frac{P_0}{P} \leqslant \left(\frac{2}{k+1}\right)^{\frac{k}{k+1}} \qquad (5\text{-}2)$$

当式(5-3)成立时,气体流动属亚音速流动(次临界流):

$$\frac{P_0}{P} \leqslant \left(\frac{2}{k+1}\right)^{\frac{k}{k-1}} \tag{5-3}$$

式中：P——容器内介质压力，Pa；

$\quad\quad P_0$——环境压力，Pa；

$\quad\quad k$——气体的绝热指数（热容比），即定压热容 C_p 与定容热容 C_v 之比。

假定气体的特性是理想气体，气体泄漏速率 Q_G 按式（5-4）计算。

$$Q_G = Y C_d A P \sqrt{\frac{Mk}{RT_G \left(\frac{2}{k+1}\right)^{\frac{k+1}{k-1}}}} \tag{5-4}$$

式中：Q_G——气体泄漏速度，kg/s；

$\quad\quad P$——容器压力，Pa；

$\quad\quad C_d$——气体泄漏系数，当裂口形状为圆形时 C_d=1.00，三角形时 C_d=0.95，长方形时 C_d=0.90；

$\quad\quad A$——裂口面积，m²；

$\quad\quad M$——分子量；

$\quad\quad R$——气体常数，J/（mol·K）；

$\quad\quad T$——气体温度，K；

$\quad\quad Y$——流出系数，对于临界流 Y=1.0，对于次临界流按式（5-5）计算。

$$Y = \left[\frac{P_0}{P}\right]^{\frac{1}{k}} \times \left\{1 - \left[\frac{P_0}{P}\right]^{\frac{k-1}{k}}\right\}^{\frac{1}{2}} \times \left\{\left[\frac{2}{k-1}\right] \times \left[\frac{k+1}{2}\right]^{\frac{k+1}{k-1}}\right\}^{\frac{1}{2}} \tag{5-5}$$

3. 两相流泄漏

假定液相和气相是均匀的，且互相平衡，两相流泄漏计算按式（5-6）：

$$Q_{LG} = C_d A \sqrt{2\rho_m (P - P_c)} \qquad (5\text{-}6)$$

式中：Q_{LG}——两相流泄漏速度，kg/s；

　　　C_d——两相流泄漏系数，$C_d=0.8$；

　　　A——裂口面积，m^2；

　　　P——操作压力或容器压力，Pa；

　　　P_c——临界压力，Pa，可取 $P_c=0.55P$；

　　　ρ_m——两相混合物的平均密度，kg/m^3，计算按式（5-7）。

$$\rho_m = \cfrac{1}{\cfrac{F_v}{\rho_1} + \cfrac{1-F_v}{\rho_2}} \qquad (5\text{-}7)$$

式中：ρ_1——液体蒸发的蒸气密度，kg/m^3；

　　　ρ_2——液体密度，kg/m^3；

　　　F_v——蒸发的液体占液体总量的比例，计算按式（5-8）。

$$F_v = \frac{C_p (T_{LG} - T_c)}{H} \qquad (5\text{-}8)$$

式中：C_p——两相混合物的定压比热，J/（kg·K）；

　　　T_{LG}——两相混合物的温度，K；

　　　T_c——液体在临界压力下的沸点，K；

　　　H——液体的气化热，J/kg。

当 $F_v > 1$ 时，表明液体将全部蒸发成气体，这时应按气体泄漏计算；如果 F_v 很小，则可近似地按液体泄漏公式计算。

五、预警与应急能力评估

1. 风险源监控

铅冶炼企业应对厂内存在的风险源制定预防制度或管理规定，

以防止突发环境事件发生时达到预防及预警的效果。

（1）雨情站

雨情站应实时关注气象信息，一旦发现或获知可能发生暴雨等极端天气的情况，可及时发出预警信息。雨情站的设立可以对降雨量进行实时监控，并可与总调度室的调度平台、相关管理人员及领导的移动手机联网，一旦超出警戒水位，即可向相关管理人员及领导发送预警短信。

（2）预警巡查

应设置专职管理人员、巡查人员，对铅冶炼企业内风险源和风险防范设施进行日常巡查、专项检查、定期检查以及相关监测、监控和评估，以及时发现各项生产指标、参数及状态偏离正常值等状况。一旦发现异常情况，进行逐级上报，并及时采取整改和维护措施。

预警巡查专职人员应掌握铅冶炼企业内风险源和风险防范装置的分布情况，掌握企业危险源种类，摸清危险源运输路径，以便切实有效地对危险源进行监控和防范。铅冶炼企业应制定日常巡查频次、预警巡查频次及巡查内容等，以便巡查人员明确职责及责任。

2. 自动监测点

铅冶炼企业应在废水总排口处设置在线监测点位，在线监测因子应对重金属进行监测，并与省市县环保主管部门进行联网。在线监控点的机房及外排口还可安装远程视频监控系统，并创建短信报警系统、手机终端数据查询系统等智能化管理模式，设定低于水质超标的警戒值，当在线数据达到警戒值时，机器会发出警报，同时各管理人员手机上会收到预警短信，以便及时、提前采取措施，启动应急措施，防范水质超标。

3. 事故应急池

铅冶炼企业应设置事故应急池或防洪池，可用于突发环境事件、汛期防洪蓄水，起到缓冲防洪作用。应急池应具有防渗措施，且在正常情况下要求在低水位状态运行。应急池的设置应与应急池收集的事故废水来源、水量等有关，合理设置应急池的有效容积，并保证应急池收集的事故废水去向。

4. 围堰设置

铅冶炼企业内凡是液体危险化学品储罐，只要是所储存物品有毒、具有腐蚀性或易燃易爆危险性，均应在储罐区周围设置围堰。腐蚀性物料储罐区围堰还应铺砌防蚀地面。且不同类别的储罐不宜共用一个围堰区，如果储罐相邻难以分别隔开设置围堰时，储罐之间必须设置隔堤。围堰内有效容积不应小于围堰内 1 个最大储罐的容积；立式储罐至围堰堤内堤脚线的距离，不应小于罐壁高度的一半；卧式储罐至围堰堤内堤脚线的距离不应小于 3 m。围堰内不允许有地漏，但是应有排水设施，围堰内的地面应坡向排水设施，坡度不应小于 3‰。在堤内排水设施穿堤处，应设防止液体流出堤外的措施。

5. 物资储备

铅冶炼企业对于应急物资储备应包括以下几个方面：

（1）个人防护类

个人防护类物资是指用于处置突发环境事件的人身安全保护的各类物资。主要有呼吸防护设备（防尘口罩、自吸过滤式防毒面具、氧气呼吸器、送风过滤式呼吸器、空气呼吸器、生氧呼吸器等）、防护服设备（气密型化学防护服、非气密型半封闭化学防护服、液密型化学防护服、颗粒物防护服、防酸服、防碱服等）、头部防护装备（安全帽等）、眼面部防护装备（防护眼镜、护目镜、防烟尘护目镜、防化防雾护目镜等）、手部防护装备（防化学品手套、防酸碱手套、绝缘手套）、足部防护装备（防/耐酸碱鞋、耐化学品的工业用橡胶靴、防热阻燃鞋等）。

（2）检测仪器类

检测仪器类物资是对污染物的种类、数量和强度进行检测的仪器设备。主要包括便携式分光光度计、分析监测及自控设备、气体电化学分析仪、水质电化学分析仪、便携式重金属分析仪、便携式X荧光分析仪、便携式流量计、水质分析仪等。

（3）交通通信类

交通通信类是指处置环境污染过程中必备的交通通信工具。主要包括应急指挥车辆、直升机、医疗救助车辆、电台、电话等。

第六章　铅冶炼企业重金属突发环境事件应急预案编制

一、应急预案编制程序及要求

铅冶炼企业应针对可能发生的重金属突发环境事件类别，结合企业内所涉及的各部门相关职责，成立以企业主要负责人为组长的应急预案编制工作组，制定应急预案编制任务、职责分工和工作计划。

应急预案编制工作组包括应急预案所涉及部门的工作人员、重点岗位的一线操作人员、环境应急管理和专业技术方面的人员和企业内部、外部专家。必要时，对应急预案编制人员进行培训。

在落实应急预案编制工作组的前提下，企业应依据环境风险评估报告，针对可能发生的突发环境事件编制应急预案。对应急机构职责、人员、技术、装备、设施（备）、物资、救援行动及其指挥与协调等方面预先做出具体安排。应急预案应充分利用社会应急资源，与地方政府预案、上级主管单位以及相关部门的预案相衔接。应急预案涉及重大公共利益的，编制单位应当向社会公告，并举行听证。

根据企业应急预案的侧重内容和可能发生突发环境事件的复杂程度，应急预案可包括现场处置预案、专项应急预案和综合应急预案。

1. 现场处置预案

现场处置预案是针对每一个具体的工段、设施（废水处理站、渣场、工段、车间等设施）或岗位可能发生的事件制定的具体应急处置措施，主要内容包括：

1）可能发生的事件情景假设和事件特征；

2）现场应急处置负责人、操作人员、所涉及的应急救援队伍；

3）按照应急处置程序，明确每一步应急措施的操作位置、操作人员、操作方法、防护方法；

4）所需应急物资、装备、器材的数量和存放位置；

5）需要开展应急监测的点位、特征污染物；

6）注意事项等。现场处置预案是专项应急预案的现场处置程序性规定，是应急预案的核心，重点强调风险点的防控和应急处置过程，要求应急措施具体、明确、直观、易懂，具有很强的操作性。必要时，应当将现场处置预案制作成简明易懂的流程图或专门的卡片，标识在需要采取措施的具体位置，或发放给需要采取应急措施的人员。

2. 专项应急预案

当铅冶炼企业可能发生的突发环境事件情况较为复杂时，可以针对不同的工艺流程编制工艺专项应急预案；也可以根据企业自身情况按照特定区域、特定物质、生产工艺流程、特定事件等分类编制专项应急预案；或者在企业的其他专项预案中明确提出防止污染扩散到厂外的防控措施和应急措施。

专项应急预案针对性强，目的明确，是综合应急预案的细化和补充。

3. 综合应急预案

当企业有多个专项应急预案时，需要编制综合应急预案。综合应急预案从总体上阐述应急预案的编制目的、依据、适用范围、工作原则、应急组织与指挥体系、预防和预警工作机制、应急响应程序和应急保障措施的基本要求等内容。

企业的现场处置预案、专项应急预案和综合应急预案的实施主体为企业,可称为内部预案。由于许多突发环境事件的应急处置工作超出了企业所能控制的范围,需要政府及相关部门调用社会资源从多个环节控制事态发展,由企业配合政府及相关部门制定外部应急预案。

4. 外部应急预案

企业外部应急预案是与企业内部应急预案相关,但不以企业为实施主体的应急预案。企业应当为制定防范本企业引发突发环境事件应急预案的单位(如上级单位、工业园区、所在地环保部门、所在地政府及其他部门)提供必要的预案编制资料,并配合外部应急预案的编制工作。

应急预案编制完成后,需组织相关管理人员、专家等从应急预案的实用性、基本要素的完整性、内容格式的规范性、组织体系的科学性、响应程序的操作性、响应措施的可行性以及与其他相关预案的衔接性等方面对应急预案进行评估,找出应急预案存在的问题,并组织应急预案编制工作组对预案进行修改完善。

应急预案经过评估和完善后,由单位主要负责人签署发布,明确应急预案实施的时间,按规定报当地县级以上环保部门备案。同时,企业有上级主管部门的,按规定报上级主管部门备案。

应急预案所依据的法律法规发生变化的,企业相关部门和人员、应急组织指挥体系或职责进行调整的,企业环境风险评估报告修改或重新编制的,或者在应急演练或应急预案执行中发现需要修改的,由企业组织修订,及时更新,确保应急预案的实效性。

应急预案经批准发布后,企业应组织落实应急预案中的各项工作,负责设施的建设及日常维护,进一步明确各项职责和任务分工,加强应急知识的宣传、教育和培训,并且定期组织应急演练,落实并完善企业应急预案。

二、应急预案的主要内容

1. 应急组织与指挥

（1）内部应急组织机构与职责

为应对突发环境事件，企业可成立应急指挥中心，建立应急组织机构，对突发环境事件的预警和处置等进行统一指挥协调。明确总指挥、副总指挥及相应职责。应急指挥中心的组成部门和成员职责在综合应急预案中阐述。

可针对可能发生的不同类型的突发环境事件成立现场应急指挥部，现场应急指挥部可由企业应急指挥中心兼任，也可视具体情况确定。现场应急指挥部的组成部门和成员职责在专项应急预案中阐述。

对易发生突发环境事件的工段或岗位，成立现场应急小组，并明确该工段或部门的负责人为现场应急小组的负责人，负责事发时的先期处置。各小组成员相对固定，在启动应急预案时，随时待命。现场应急小组的组成和成员职责在专项应急预案或现场应急预案中阐述。

企业具有专（兼）职应急救援队伍时，明确其在应急组织机构中的职能。企业具有相应环境监测能力时，应建立应急监测组；涉及重金属污染事件、有毒有害气体或液体储罐、渣场渗漏等环境风险较大设施，应建立专家组。

说明各级应急指挥之间的关系，明确协调机制、应急行动、资源调配、应急避险等响应程序。

各应急组织机构尽可能以结构图的形式表示出来，成员名单及联系方式应作为预案附件，如有变动及时更新。

（2）外部指挥与协调

在应急预案中明确与上级主管部门及所在地环境保护主管部门之间的应急联动机制。统筹配置应急救援组织机构、队伍、装备和物资，共享区域应急资源，提高共同应对突发环境事件的能力和水平。

参考《突发环境事件信息报告办法》的规定，在应急预案中设置当发生突发环境事件时负责联络汇报的专门人员，以及配合地方人民政府及其有关部门应急处置工作的具体内容。

2. 预防与预警

（1）预防

简要列出企业采取的预防措施及落实情况，如环境安全管理制度、环境安全隐患排查治理制度、重点岗位巡检制度、重要基础设施（包括交通、通信、供水、供电、报警、监控等）检测维护制度、环境风险评估制度、日常监测制度、应急培训制度、信息报告制度、应急救援物资储备供给制度和救援队伍建设管理制度、应急演练制度等。相关文件可作为预案附件。

对于气态储罐或管道等风险源，通过日常巡检、专项检查、定期检查以及相关监测、监控和评估，如发生管线气体泄漏，监测报警系统一般可在2～3秒内作出反应，现场操作人员必须立即关闭应急阀，隔绝生产装置以及制酸系统同管线的联系，同时向公司应急响应中心报告事故情况。

对于液态储罐及危险废物堆存库等风险源，通过日常巡检、专项检查、定期检查以及相关监测、监控，如发现各项生产指标、参数及状态偏离正常值或者有渗漏、外溢等状况时，发现人员要向公司应急响应中心报告异常情况，公司应急响应中心应立即进行研究分析，采取调整措施，并派人员赴现场进行实际检查。如发现异常情况确实存在，并有可能进一步发展为突发环境事件时，要及时向应急指挥中心值班领导报告。

铅冶炼行业风险控制因子及可能产生的环境风险事故风险源具体如下：

铅冶炼企业涉及的风险因子包括二氧化硫、三氧化硫、硫酸（包括硫酸雾）、盐酸（包括 HCl 气体）、砷化氢、H_2S、Cl_2、天然气、液化天然气（LNG）、煤气储罐、氧化砷、含重金属烟尘、危险废物、酸性废水（包括污酸废水和一般酸性废水）、铅蒸汽、柴油、浸出液、电解液等。

可能产生的环境风险事故形式包括：由制酸吸收系统酸泵突发故障停止运行、SO_2 风机突发事故停止运行、停电或系统长时间停车等原因造成的熔炼—吹炼—硫酸系统烟气超标事故风险；制酸过程泄漏、爆炸等原因引发的次生/伴生事故或风险；污酸处理站 H_2S 泄漏造成人体中毒风险；污酸处理系统设备故障造成废水事故风险；硫酸储罐泄漏事故风险；危险固废堆存风险及其经雨水淋溶渗透造成周边土地、农田、地下水污染引发的粮食安全及人体健康风险；含重金属烟尘废气无组织排放造成的血铅、血砷事件风险；硫酸运输过程泄漏风险、原料运输过程遗撒造成周边土壤重金属超标风险等。

可能产生的环境风险事故风险源包括：二氧化硫泄漏事故、硫酸储罐泄漏事故、酸性废水外排事故、危险废物渣场渗漏事故、非正常工况下高浓度含重金属烟气外排事故、硫酸运输风险、氯气输送管道和储罐、天然气储罐泄漏爆炸事故、电解液或浸出液泄漏、原料运输风险等。

（2）预警

企业应加强对各种可能发生的突发环境事件的风险目标进行监控，建立突发环境事件预警机制，做到"早发现、早报告、早处置"。

1）预警条件。建立预警制度，根据实际情况的严重程度、可控范围、可控能力，设置预警级别，明确发布预警信息的条件、程序、内容要求和责任人。明确根据事态的进展情况，调整预警级别并重新发布的条件和责任人。

对于雨量较大且降雨时间较为集中的铅冶炼企业，特别应关注水情监控制度，与当地气象部门及时沟通，获取最新气象、降雨信息，有条件企业建议设置雨情自动测报站，并与指挥中心的调度平台及相关管理人员联网，构建完善的突发环境事件信息网络，实现突发环境事件信息快速、及时、准确地收集和报送，为应急指挥决策提供信息支撑和辅助。可从以下几个方面考虑设置发布预警条件：

①气象、国土等部门发布有极端天气发生或地质灾害预警时；

②环境风险防控设施或废水处理站出水出现异常，不能正常发挥作用时；

③通过对主要工段和生产系统各环节监控，发现生产指标、参数及状态等偏离正常值时；

④被监控物质或污染物的浓度（量）等指标超过预警系统设置阈值时；

⑤发生生产安全事故或生产安全事故造成的危害可能次生突发环境事件时；

⑥其他认为需要设置预警的情况。

2）预警分级与预警措施。根据发生突发环境事件的可能性、影响范围和危害的大小，确定预警分级以及每个预警级别须采取的预警措施。可采取的预警措施有：

①加强监测，责令有关应急组成部门和人员收集、报告事件信息，有条件的企业建议在废水排口安装在线监测装置；

②组织应急组成部门、专业技术人员和专家对所收集的信息进行分析评估，预判发生突发环境事件可能性、影响范围和危害的大小；

③定时向社会发布突发环境事件的预判结果，公众和环境安全可能受到突发环境事件危害的警告，宣传避免、减轻危害的常识；

④责令应急救援队伍、应急组成部门的人员进入待命状态，做好参加应急处置和救援工作的准备；

⑤调集应急救援所需物资、设备、工具，准备应急设施、防护装备和避难场所，并确保其处于良好状态，可投入正常使用；

⑥采取必要措施，确保重要基础设施（包括交通、通信、供水、供电、报警、监控等）的安全和正常运行；

⑦转移、疏散或者撤离易受突发环境事件危害的人员并予以妥善安置，转移重要财产等；

⑧关闭或限制使用易受突发环境事件危害的场所，控制或限制

容易导致危害扩大的设备或活动;

⑨其他必要的防范性、保护性措施。

预警措施应当与预警级别相对应,根据实际情况确定不同预警级别对应的预警措施。

3)预警解除。当引起预警的条件消除和隐患排除后,预警解除。

3. 应急处置

(1)应急响应

由于企业发生的突发环境事件等级与实际危害程度有关,事初时难以确定事件等级,因此企业应当结合自身情况,根据可能发生突发环境事件的危害程度、影响范围和企业对事件的可控能力,建立突发环境事件分级应急响应机制。不同的应急响应级别对应的指挥权限、应急响应措施不同,明确应急响应分级和对应的应急响应措施。

可以从以下几方面考虑应急响应分级:

1)发生生产安全事故导致化学物质泄漏的泄漏量和实际收集处理能力;

2)可能发生事件的位置与周边环境风险受体之间的关系(如距离、下风向等),以及可能受影响的环境风险受体的规模和敏感性;

3)发生极端天气或地质灾害的危害范围和程度。

为便于实际操作,可将企业环境应急响应分为:车间或装置级、厂区级和厂区外部级三级。

车间或装置级应急响应一般启动该车间或岗位的现场应急预案;当事件危害超出车间或装置控制范围时,应当启动相应的专项应急预案和综合应急预案;当事件危害超出企业自身控制范围时,根据情况向有关单位报告并建议有关单位启动相应的外部预案。

企业的分级响应机制应当在综合应急预案中明确。

(2)信息报告和通报

1)内部接警与上报。企业现场当班人员发现异常或事故,可能引发突发环境事件时,应立即报告当班组长、部门领导,并向应急指挥中心报告。应明确企业内部各工段的突发事件信息接警与上报责任人、报告程序、时间和内容要求。

①明确 24 小时应急值守电话、内部信息报告的形式和要求，以及事件信息的通报流程。

②明确事件信息上报的部门、方式、内容和时限等内容。

③明确事件发生后可能遭受事件影响的单位和联系方式清单，以及向请求援助单位发出有关信息的方式、方法。

④24 小时有效的内部、外部通信联络手段。

⑤明确信息通报程序，企业应配合当地政府对信息进行搜集，由政府对事件发生的时间、地点、人物、事件及时准确发布信息，正确引导社会舆论。

2）对外信息报告与通报。明确企业外部突发环境事件信息报告责任人、报告程序、时间和内容要求，掌握最坏情况下可能影响范围内环境状况和单位、人群分布及其通讯方式等。确保突发环境事件发生后，在第一时间向事发地县级环保部门报告，向可能受污染影响的单位、区域及人员通报。

（3）应急监测

企业应根据在突发环境事件发生时可能产生污染物种类、性质以及自身监测能力，明确相应的应急监测方案及监测方法，配置必要的监测设备、器材和环境监测人员。

1）明确紧急情况下企业应按事发地人民政府环保部门要求，配合开展工作。

2）突发环境事件发生时，如厂内监测部门监测能力尚不具备，则通知当地环境监测部门或上一级环境监测中心，到事故发生地进行环境监测。

3）大气监测点应设在周围村庄及敏感点，重点监测二氧化硫和铅、砷、镉、汞、锌等重金属；监测各布袋除尘器出口烟气中 SO_2、粉尘、铅、砷、镉、汞、锌等的排放浓度。

4）雨水排水管网排口设置监测断面，监测因子包括 pH、铅、砷、镉等；厂区内设置地下水应急监测水井，主要应在污酸处理站、酸性废水处理站、电解车间等重点区域地下水下游各设 1 个点位。

5）厂区周围村庄应布点连续采集土壤样品化验分析。

6）明确连续采样分析监测原则，并及时报告数据到环境主管部门。

7）在污染物浓度达到正常值之前，禁止撤离的居民返回。

（4）应急处置

企业针对具体设备/装置、生产工段、储运系统、堆存场地等可能发生的突发环境事件类型，内部控制事态的能力以及可以调用的应急资源，进行情景模拟与假设，分别制定应急处置方案，对所涉及应急人员预先做出具体安排。

应急处置方案需明确应急响应程序，落实执行人员、具体措施、所需应急物资、注意事项及时间要求，即要求做到"谁负责，做什么，怎么做"。

此部分内容可通过专项应急预案和现场应急预案来规定。

1）突发水环境污染事件现场处置。根据事故外排废水的性质及事件类型、可控性、严重程度、影响范围及水环境状况等，需确定以下内容：

①可能受影响水体情况说明，包括水体规模、水文情况、水体功能、水质现状等，特别应关注是否对饮用水水源地造成影响。

②制定监测方案，开展应急监测。

③事件发生后，切断风险源的有效方法及泄漏至外环境的污染物控制、消减技术方法说明。

④制定水中毒事件预防措施，中毒人员救治措施。

⑤跨界污染事件应急处置措施说明。

⑥其他说明。

2）突发大气环境污染事件应急处置。根据有毒气体污染物的性质及事件类型，事件可控性、严重程度和影响范围以及风向、风速和地形条件等，需确定以下内容：

①切断风险源的有效措施。

②明确有毒气体泄漏事件所采取的现场洗消措施或其他处置

措施。

③制定防止发生次生环境污染事件的处置措施。

④明确可能受影响区域环境状况。

⑤可能受影响区域单位、社区人员疏散的方式、方法、地点。

⑥可能受影响区域个人基本保护措施、防护方法。

⑦周边道路隔离或交通疏导方案。

⑧临时安置场所。

⑨其他说明。

3）渣场渗滤液渗漏事件现场处置。

①切断污染源的有效措施。

②应急抽水井的建设方案，确保一旦发生渗滤液污染地下水等风险事故时，应急抽水。

③抽取的地下水处置方案，一般应将该部分地下水排入酸性废水处理站处理后回用。

④抽水的同时监测水质，当污染物含量低于当地地下水相关标准限值后，停止抽水。

4）危险化学品及危险废物污染事件现场处置。

根据危险化学品和危险废物的性质、污染严重程度和影响范围，需确定以下内容：

①切断污染源的有效措施。

②制定防止发生次生环境污染事件的处置措施。

③明确可能受影响区域及区域环境状况。

④制定监测方案，开展应急监测。

⑤可能受影响区域人员疏散的方式和路线、基本保护措施和个人防护方法。

⑥临时安置场所。

⑦周边道路隔离或交通疏导方案。

⑧其他说明。

5）渣库溃坝事件现场处置。可参照《尾矿库环境应急管理工作指南》。

　　6）电解液泄漏事件现场处置。

　　①若发生循环管道泄漏事故时，明确操作人员切断污染源措施，开启电解厂房内地下集液池内的液下泵将电解液及时打入电解槽下阳极泥溜槽进入生产系统电解液集液槽。

　　②若是电解槽出现泄漏事故时，明确切断污染源的有效措施，同时应将电解液收集后回用。

　　③对不能进行回收的电解液应进行处理。

　　7）外排水质超标事件现场处置。

　　根据外排水质超标因子、超标倍数及可能影响范围等，需确定以下内容：

　　①事件发生后，避免废水持续外排的有效措施。

　　②调查外排废水超标原因，提出切实可行的消减技术方法。

　　③制定监测方案，开展应急监测，组织人员及时跟踪水质的变化情况，并反馈给应急处置人员，确保水质达标外排。

　　④对超标废水排入口下游的河流开展应急监测，及时反馈监测数据，特别应关注是否对饮用水水源地造成影响。

　　（5）受伤人员现场救护、救治与医院救治

　　依据突发环境事件的分类、分级，附近疾病控制与医疗救治机构的设置和处理能力，制定具有可操作性的处置方案，应当包括以下内容：

　　①可用的急救资源列表，如急救中心、医院、血站、疾控中心、救护车和急救人员。

　　②应急抢救中心、毒物控制中心的列表。

　　③抢救药品、医疗器械和消毒、解毒药品等的区域内的供给情况。

　　④现场救护基本程序，如何建立现场急救站。

　　⑤企业医务人员的配置、应急救治药品储备等情况说明。

　　⑥凡涉及受伤害动植物现场救治与迁地保护的，需明确救护方案。

（6）配合有关部门应急响应

明确当政府及有关部门介入突发环境事件应急处置过程时，企业的配合措施，包括配合人员、技术支持、应急装备和物资保障使用等。

4. 安全防护及次生灾害防范

（1）应急人员的安全防护

当危险化学品仓库、车辆、运输管道发生事故导致氰化物、盐酸、硫酸、硝酸、氢氧化钠、液化天然气等污染物泄漏时，应急人员必须按照相关规定佩戴安全职业防护器具，着防护服，严格按照救援程序开展应急救援工作，所有事故现场人员都必须配备合适的个人防护器具、穿戴好防护服，在确保自身安全的情况下，实施救援工作。

设定初始隔离区，做好现场警戒，防止非应急救援人员进入现场，实行交通管制，紧急疏散转移隔离区内所有无关人员。

（2）群众的安全防护

制定群众安全防护措施、疏散措施及患者医疗救护方案等，如遇周边群体性血铅、血镉、血砷超标事件，应请求政府同意提供帮助，按照地方政府统一部署，做好群众的救治与赔偿工作。

（3）次生灾害防范

制定次生灾害防范措施、现场监测方案及现场人员撤离方案，防止人员中毒或引发次生环境事件。

5. 应急终止

明确应急终止的条件、程序。符合下列情况之一的，即满足应急终止条件：

1）事件现场得到控制，事件条件已经消除。

2）污染物质已降至规定限值以内。

3）事件所造成的危害已经被彻底消除，无继发可能。

4）事件现场的各种专业应急处置行动已无继续的必要。

5）采取了必要的防护措施以保护公众免受再次危害，并使事件可能引起的中长期影响趋于合理且尽量低的水平。

应急行动结束后，落实现场保护、清洁净化等工作需要的设备工具和物资，对现场中暴露的工作人员、应急行动人员和受污染设备的清洁净化方法和程序。

应急终止后，通知企业相关部门、周边社区及人员危险已解除，完成应急处理情况的上报与发布，并继续进行跟踪环境监测和评估方案。

6．后期处置

（1）善后处置

应急终止后对现场污染物进行后续处理，对应急仪器设备进行维护、保养，恢复企业设备（设施）的正常运转，进行撤点、撤离和交接程序，逐步恢复企业的正常生产秩序。

提出应急终止后进行受灾人员的安置工作及损失赔偿等善后工作内容。

（2）评估与总结

应急终止后企业应组织内部专家对突发环境事件应急响应过程进行评估，编制应急总结报告，提出修订应急预案建议。

7．应急保障

（1）人力资源保障

明确各类应急响应的人力资源，包括专业应急队伍、兼职应急队伍的组织与保障方案。

1）应急环境监测能力保障。明确突发环境事件监测人员，仪器设备，监测污染物的成分及浓度，确定污染区域范围。

2）应急医护保障。明确企业医护人员及医护救援设备。

3）应急技术保障。聘请各行业专家组成专家库，明确联系方式、方法。

（2）财力保障

明确应急专项经费来源、使用范围、数量和监督管理措施，保障应急状态时应急经费的及时到位。

（3）物资保障

明确应急救援需要使用的应急物资和装备的类型、数量、性能、存放位置、管理责任人及其联系方式等内容。

1）污水应急储存能力保障。明确企业突发环境状态下，污水储存能力（事故应急池，事故缓冲池，清水池，初期雨水收集池，围堰等），堵截，不排入外环境，并且及时处理污水，确保正常情况下事故应急池和事故缓冲池内不存有污水（一般只要存有 45 cm 高水位的保护深度即可）。

2）救援防护设施设备配置保障。应急救援人员，开展应急抢险救援处置工作时的防护设备。

3）应急救援物资保障。根据企业实际情况，明确石灰石、聚铝、活性炭、氢氧化钠、硫酸等应急物质储备位置、规模、物资日常管理方案等。

4）应急物资渠道保障。明确企业应急物资的储备，与生产厂家建立密切联系，保证应急物资的急需，能迅速调集。

（4）其他保障

根据企业应急工作需求而确定的其他相关保障措施，如应急平台建设保障、应急处置技术保障、医疗卫生保障，以及重要基础设施（包括交通、通信、供水、供电、报警、监控等）保障等。

8. 预案管理

（1）预案培训

依据对企业单位员工能力的评估结果和周边工厂企业、社区和村落人员素质分析结果，制订培训计划，应明确以下内容：

①应急救援人员的专业培训内容和方法。

②本单位员工环境应急基本知识培训的内容和方法。

③应急指挥人员、运输司机、监测人员等特别培训内容和方法。

④外部公众环境应急基本知识及风险防范的宣传和培训的内容和方法。

⑤应急培训内容、方式、考核、记录表。

（2）预案演练

说明应急演练的方式、频次等内容，制订企业预案演练的具体计划，并组织策划和实施，演练结束后做好总结，适时组织有关企业和专家对部分应急演练进行观摩和交流。

（3）预案修订

说明应急预案修订、变更、改进的基本要求及时限，以及采取的方式等，以实现可持续改进。

（4）预案备案

说明预案备案的方式、审核要求、报备部门等内容。

附　件

附件 1　铅冶炼建设项目现场环境监察表

附表 1　铅冶炼建设项目现场环境监察表

类别	内容	判断依据	是否合规	备注
选址	环境敏感区判断	在国家法律、法规、行政规章及规划确定或县级以上人民政府批准的自然保护区、生态功能保护区、风景名胜区、饮用水水源保护区等需要特殊保护的地区，大中城市及其近郊，居民集中区、疗养地、医院和食品、药品等对环境条件要求高的企业周边 1 km 内，不得新建铅冶炼项目，也不得扩建除环保改造外的铅冶炼项目。再生铅企业厂址选择还要按《危险废物焚烧污染控制标准》（GB 18484—2001）中焚烧厂选址原则要求进行	是　□ 否　□	
		新建或者改、扩建的铅冶炼、再生利用项目必须符合环保、节能、资源管理等方面的法律、法规，符合国家产业政策和规划要求，符合土地利用总体规划、土地供应政策和土地使用标准的规定	是　□ 否　□	
		重金属重点防控区禁止新建、改建、扩建增加重金属污染物排放的项目。对现有的铅冶炼（含再生铅冶炼）企业，要严格按照产污强度和安全防护距离要求，实施准入、淘汰和退出制度	是　□ 否　□	
		对饮用水水源一级、二级保护区内的铅冶炼（含再生铅冶炼）企业，应一律取缔关闭	是　□ 否　□	
	卫生防护距离要求	符合已审批的环境影响报告书文件的规定要求	是　□ 否　□	

类别	内容	判断依据	是否合规	备注
环评制度执行		新建、改建和扩建铅冶炼（含再生铅冶炼）生产企业，应进行环境影响评价，环评审批手续齐全	是 □ 否 □	
		项目的性质、规模、地点、采用的生产工艺或者防治污染的措施等应与环境影响评价文件或环评审批文件一致。如有重大变更或原环境影响评价文件超过五年方开工建设的，应当重新报批环境影响评价文件	是 □ 否 □	
		从2009年3月1日起，新建和改扩建铅冶炼（含再生铅冶炼）建设项目环境影响评价文件全部由国家环境保护部审批	是 □ 否 □	
"三同时"制度执行		污染防治设施和生态保护措施严格按照环评审批文件要求与主体工程同时设计、同时施工、同时投产使用	是 □ 否 □	
		检查环保设施是否按环评审批文件要求建设到位，可根据建设项目环保设施"三同时"验收一览表逐一核对各环保设施，同时，检查环保设施的规模与效果能否满足要求	是 □ 否 □	
		检查竣工环境保护验收手续是否齐全，验收提出的整改意见是否落实到位	是 □ 否 □	
试生产管理		需要进行试生产的建设项目应当按规定向环境保护主管部门提交试生产申请，并得到环境保护主管部门同意。试生产时间不得超过3个月。经有审批权的环境保护主管部门批准，试生产的期限最长不超过一年	是 □ 否 □	
清洁生产		应当每两年完成一轮清洁生产审核，2011年年底前全部完成第一轮清洁生产审核和评估验收工作	是 □ 否 □	

附件2 铅冶炼污染源现场环境隐患排查表

附表2 铅冶炼污染源现场环境隐患排查表

类别	内容		判断依据	是否合规	备注
产业政策	生产规模		新建项目单系列铅冶炼能力必须达到5万t/a（不含5万t/a）以上，符合有关政策规定企业的现有生产能力通过升级改造淘汰落后工艺改建为单系列铅熔炼能力达到5万t/a（不含5万t/a）以上	是 □ 否 □	
	生产工艺及设备要求		采用先进的具有自主知识产权的富氧底吹强化熔炼或者富氧顶吹强化熔炼等生产效率高、能耗低、环保达标、资源综合利用效果好的先进炼铅工艺和双转双吸或其他双吸附制酸系统。烟气制酸严禁采用热浓酸洗工艺	是 □ 否 □	
			必须有制酸、资源综合利用、余热回收等节能设施	是 □ 否 □	
			利用火法冶金工艺进行冶炼的，必须在密闭条件下进行，防止有害气体和粉尘逸出，实现有组织排放；必须设置尾气净化系统、报警系统和应急处理装置。利用湿法冶金工艺进行冶炼，必须有排放气体除湿净化装置	是 □ 否 □	
生产现场	备料区	精矿库	精矿堆存方式，精矿库料堆是否为半地下式	是 □ 否 □	
			精矿库容积是否满足15～30天的精矿用量	是 □ 否 □	
			精矿库是否为半封闭式结构	是 □ 否 □	
			精矿库是否设有顶棚及半密闭厂房	是 □ 否 □	
			铅精矿、熔剂是否分格贮存	是 □ 否 □	

类别	内容		判断依据	是否合规	备注
生产现场	备料区	精矿库	混合精矿应自动配比，混合物料是否通过密闭皮带运输机送至熔炼炉或干燥系统	是 □ 否 □	
			配料仓顶、皮带运输机受料点及配料仓下给料机卸料处、转运站皮带运输机受料点等处是否设置除尘系统，除尘最好选用袋式除尘器	是 □ 否 □	
		干燥工序	铅精矿干燥方式，是否采用余热锅炉产生的饱和蒸汽作为加热介质	是 □ 否 □	
			干燥机产出的烟气是否配有收尘系统，目前多采用袋式收尘装置	是 □ 否 □	
		粉煤制备工序	原煤堆场是否建有煤棚并配置有降尘措施	是 □ 否 □	
			原煤至原煤仓的运输方式，是否采用产生扬尘较小的皮带运输机	是 □ 否 □	
			检查粉煤制备方式。粉煤是否采用气流输送至烟化炉	是 □ 否 □	
	熔炼区	熔炼—还原工序	检查熔炼工艺，是否采用烧结锅—鼓风炉炼铅法和烧结机—鼓风炉炼铅法[在产业结构调整指导目录（2011年本）列入淘汰类]等淘汰工艺	是 □ 否 □	
			熔炼烟气是否经余热锅炉回收余热后进电收尘器收尘	是 □ 否 □	
			熔炼炉和还原炉的出渣口、出铅口、进料口等处是否设置集烟系统	是 □ 否 □	
			集烟系统的集气罩是否在负压下运行	是 □ 否 □	
			收集的烟气是否送环境集烟系统进行脱硫处理	是 □ 否 □	
			对于无法实现液态高铅渣直接还原熔炼的，高铅渣堆场是否按危险废物渣场设计建造	是 □ 否 □	
			鼓风炉烟气是否进行脱硫处理	是 □ 否 □	
			是否只有熔炼炉设置烟气旁道	是 □ 否 □	
			旁道烟气是否经脱硫处理	是 □ 否 □	

类别	内容		判断依据	是否合规	备注
生产现场	熔炼区	烟化工序	烟化炉加料口、出渣口是否设置集烟罩	是 □ 否 □	
			集烟罩收集的烟气是否送环境集烟系统进行脱硫处理	是 □ 否 □	
			烟化炉排放烟气是否进行脱硫处理	是 □ 否 □	
			烟化炉收尘系统收集下的烟尘（次氧化锌）是否密闭储存	是 □ 否 □	
			烟化炉渣水淬废水是否全部循环利用	是 □ 否 □	
			烟化炉渣大多为Ⅱ类一般工业固体废物，如在渣场堆存，渣场是否按Ⅱ类一般工业固体废物渣场设计建设	是 □ 否 □	
			烟化炉是否设有烟气旁道（不允许设有）	是 □ 否 □	
		烟气脱硫系统	检查脱硫方式、脱硫剂种类，是否与环境影响报告书上一致	是 □ 否 □	
			检查是否有硫回收系统或脱硫副产物的处理处置措施	是 □ 否 □	
			脱硫副产物的综合利用过程是否考虑重金属的影响	是 □ 否 □	
			检查脱硫过程中产生的废水是否有相应的处理措施，该部分废水可排入厂污水处理站处理	是 □ 否 □	
	电解区	初步火法精炼除铜工序	熔铅锅是否设置有烟气收集系统，可采用吹吸式通风除尘装置或者移动烟罩收集	是 □ 否 □	
			熔铅锅产生的浮渣是否统一堆存	是 □ 否 □	
			熔铅锅浮渣堆存场是否按危险废物堆场进行建设	是 □ 否 □	
			熔铅锅一般使用天然气或煤气作为燃料，如用煤作为燃料，燃烧部分是否有单独收尘系统	是 □ 否 □	
			熔铅锅收尘系统收集的烟气是否进行脱硫处理	是 □ 否 □	

类别	内容		判断依据	是否合规	备注
生产现场	电解区	电解精炼工序	电铅锅是否设置有烟气收集系统,可采用吹吸式通风除尘装置或者移动烟罩收集	是 □ 否 □	
			电铅锅一般使用天然气或煤气作为燃料,如用煤作为燃料,燃烧部分是否有单独收尘系统	是 □ 否 □	
			电铅锅收尘系统收集的烟气是否进行脱硫处理	是 □ 否 □	
			电解车间产生的酸性废水是否统一收集后排入酸性废水处理站处理	是 □ 否 □	
			电解槽取出的阳极泥是否统一收集后送贵金属车间处理或外卖	是 □ 否 □	
	制酸区	制酸系统	检查制酸工艺,烟气制酸是否采用稀酸洗净化、双转双吸工艺,严禁采用热浓酸洗工艺	是 □ 否 □	
			制酸尾气是否能满足《铅、锌工业污染物排放标准》(GB 25466—2010)排放标准要求,否则应经脱硫处理后排放	是 □ 否 □	
			烟气净化工序产生的污酸是否单独进污酸处理站处理达标后,再进入全厂酸性废水处理站	是 □ 否 □	
			硫酸车间地面冲洗水是否统一排至厂酸性废水处理站处理	是 □ 否 □	
			硫酸储罐区是否设有围堰	是 □ 否 □	
			是否设置事故应急池,硫酸发生泄漏事故时,溢漏量较大时可紧急排入应急池,应急池也可作为初期雨水收集池使用	是 □ 否 □	
		污酸处理站	检查污酸处理工艺是否为《铅冶炼污染防治最佳可行技术指南》(试行)推荐的最佳可行污酸处理工艺	是 □ 否 □	
			若采用硫化法+石灰中和法处理工艺,检查是否设置有硫化氢吸收塔,经碱液吸收后排放	是 □ 否 □	
			污酸污水处理使用的构筑物是否进行防渗、防漏、防腐处理	是 □ 否 □	

类别	内容		判断依据	是否合规	备注
生产现场	制酸区	污酸处理站	污酸处理站产生的砷渣、铅渣是否堆存于临时渣场，是否定期委托有危险废物处置资质和能力的单位处理，或堆存于危险废物渣库	是 □ 否 □	
			危险废物临时堆场和永久渣库是否严格按照《危险废物贮存污染控制标准》（GB 18597—2001）的要求建造	是 □ 否 □	
			每日的污酸和污水进出量、水质，环保设备运行、加药及维修记录等是否记录齐全	是 □ 否 □	
			是否存在偷排或采取其他规避监管的方式排放废水现象	是 □ 否 □	
		污水处理站	检查酸性废水处理工艺，目前国内铅冶炼企业多采用石灰中和处理工艺或石灰—铁盐处理工艺	是 □ 否 □	
			污水处理站产生的中和渣是否堆存于临时渣场，定期委托有危险废物处置资质和能力的单位处理，或堆存于危险废物渣库	是 □ 否 □	
			危险废物临时堆场和永久渣库是否严格按照《危险废物贮存污染控制标准》（GB 18597—2001）的要求建造	是 □ 否 □	
			污水处理使用的构筑物是否进行防渗、防漏、防腐处理	是 □ 否 □	
			对于特殊保护区域,检查是否实现生产废水"零排放"	是 □ 否 □	
			每日的废水进出量、水质，环保设备运行、加药及维修记录等是否记录齐全	是 □ 否 □	
			是否存在偷排或采取其他规避监管的方式排放废水现象	是 □ 否 □	
		初期雨水收集系统	厂区是否设置初期雨水收集池	是 □ 否 □	
			初期雨水是否送污水处理站处理	是 □ 否 □	

类别	内容	判断依据	是否合规		备注
生产现场	工业废气	检查各生产工序烟道、集气罩安装是否合理	是 □	否 □	
		检查各废气产生环节处理工艺类型，是否建有与污染物产生负荷相匹配的处理设施，判定处理设施能否使废气达标排放	是 □	否 □	
		废气处理设施是否能正常运行	是 □	否 □	
		检查袋式除尘器是否正常运行	是 □	否 □	
		检查废气处理设施是否定期维护	是 □	否 □	
		检查废气排口是否达标排放	是 □	否 □	
	工业废水	湿式收尘设施的循环水或设备废水是否进入废水处理设施进行处理	是 □	否 □	
		了解废水来源，确定废水中主要污染源	是 □	否 □	
		检查各废水产生源水量与废水处理站进水量是否一致，检查废水处理站进水水质	是 □	否 □	
		检查废水处理工艺类型，清净下水、含重金属废水是否与生活污水分别处理，是否建有与生产能力配套的废水处理设施，判定处理工艺能否满足废水稳定达标排放要求	是 □	否 □	
		废水处理使用的构筑物是否进行防渗、防腐处理	是 □	否 □	
		根据构筑物的实际情况，验收是否与环评报告书一致；结合企业自行监测记录和环保部门监测数据，判断废水处理装置是否满足水质处理的要求	是 □	否 □	
		检查每日的废水进出水量、水质，环保设备运行、加药及维修记录等是否记录齐全	是 □	否 □	
		检查水泵等关键设备的额定功耗率，根据企业台账，计算其耗电量，判断是否与缴纳电费一致	是 □	否 □	
		检查污泥产生量，判断废水污染防治设施运行情况	是 □	否 □	
		检查废水处理站出口水量及水质的达标排放情况	是 □	否 □	

类别	内容	判断依据	是否合规		备注
生产现场	固体废物	查阅资料和现场检查危险废物贮存场所建设情况,判断危险废物贮存场所是否按照《危险废物贮存污染控制标准》(GB 18597—2001)建设	是	□	
			否	□	
		检查企业提供的危险废物收集单位的危险废物经营许可证,判定收集单位是否具有含铅、汞、砷废物的处置资质	是	□	
			否	□	
		检查是否有危险废物转移联单,转移联单记录的转移量是否与危险废物管理台账和排污申报量一致	是	□	
			否	□	
		检查危险固废是否与一般固废混堆	是	□	
			否	□	
	噪声	检查采取的隔声降噪措施,检查厂界噪声是否达标	是	□	
			否	□	
	排放口	检查污染物排放口规范化情况:污染物排放口的数量、位置、污染物排放方式与排放去向与企业排污申报登记、环评批复文件是否一致	是	□	
			否	□	
		检查自动监测装置是否运行正常	是	□	
			否	□	
		检查自动监控设施显示的数据是否齐全	是	□	
			否	□	
		是否能显示历史数据、检查历史浓度数据和曲线,判断日常超标情况和频次,是否存在闲置、私改电路、违规设定参数等现象	是	□	
			否	□	
		烟气自动监控设施还应检查标定仪器的标期是否在有效期内	是	□	
			否	□	
		检查探头位置设施是否规范	是	□	
			否	□	
		检查数据线能否有效连接探头及监控仪器	是	□	
			否	□	
		检查监测房的设置是否符合《水污染源在线监测系统安装技术规范(试行)》(HJ/T 353—2007)要求	是	□	
			否	□	
		检查企业自行监测记录,是否满足污染物排放标准要求;检查自动监控数据,是否满足污染物排放标准要求	是	□	
			否	□	
		是否存在偷排、漏排或采取其他规避监管的方式排放废水现象;检查是否有偷排口或偷排暗管;检查是否存在将废水稀释后排放;是否将高浓度废水利用槽车或储水罐转移出厂、非法倾倒	是	□	
			否	□	
		检查排气筒的高度,是否满足最低排放高度 15 m 的要求	是	□	
			否	□	

类别	内容	判断依据	是否合规	备注
环境应急管理	环境应急设施	应急设施和措施是否完善，应急物资与设备是否配备	是 □ 否 □	
		硫酸储罐区是否设置围堰、事故应急池	是 □ 否 □	
		电解车间底部是否建有足够容量的事故集液池，以收集意外工况下废液的排放	是 □ 否 □	
		污水处理站是否建立应急池，应急池的容积是否满足非正常生产情况下全厂生产污水的存放	是 □ 否 □	
	环境应急预案	企业是否编制《突发环境事件应急预案》，预案是否具备可操作性并及时修订（每三年至少修订一次，生产工艺和技术发生变化、周围环境或敏感点发生变化、应急组织指挥体系发生变化时及时修订）	是 □ 否 □	
		企业是否组织对《突发环境事件应急预案》进行评估，并报所在地环保部门备案	是 □ 否 □	
		企业是否按预案要求定期进行应急演练	是 □ 否 □	
综合性环境管理制度	排污许可证制度执行	在依法实施污染物排放总量控制的区域内，企业是否依法取得《排污许可证》，并按照《排污许可证》的规定排放污染物	是 □ 否 □	
	排污申报登记制度执行	企业是否按有关规定向所在地的环境保护主管部门依法进行排污申报登记	是 □ 否 □	
	排污收费制度执行	企业是否依法及时、足额缴纳排污费	是 □ 否 □	

类别	内容	判断依据	是否合规		备注
综合性环境管理制度	清洁生产审核制度	企业是否按照国家和地方要求，每两年开展一次清洁生产审核，根据国家最新的法规政策、对企业现存的环境问题进行排查，提出解决方案，制定清洁生产方案的实施计划	是　□	否　□	
	企业内部环境管理制度建设	企业是否制定环境监测制度、污染防治设施设备操作规程、交接班制度、台账制度等各项环境管理制度，配置专业环保管理人员	是　□	否　□	
	重金属日监测制度	是否根据《重金属污染综合防治"十二五"规划》要求建立特征污染物日监测制度，每月向当地环保部门报告	是　□	否　□	
	企业环境信息公开制度	是否建立环境信息披露制度，定期公开环境信息，每年向社会发布企业年度环境报告书，公布含重金属污染物排放和环境管理等情况，接受社会监督	是　□	否　□	